井下电磁探测的阵列设计及应用

刘长赞　著

中国石化出版社
·北京·

内 容 提 要

本书深入探讨了井下电磁探测技术的前沿进展，详细阐述了瞬变电磁井下探测信号模型、接收阵列信号处理方法、发射阵列聚焦探测技术、阵列优化设计方法、MIMO电磁阵列探测方法与设计以及定向探测技术。这些内容为提升井下探测精度和效率提供了理论基础与技术指导。此外，书中还分享了救援井远探测系统和套管损伤检测系统的应用案例，展示了技术的实际应用效果。

本书适用于地球物理学、地质工程学等领域的研究人员和工程技术人员阅读，为他们提供宝贵的理论知识和技术参考。

图书在版编目(CIP)数据

井下电磁探测的阵列设计及应用 / 刘长赞著．
北京：中国石化出版社，2025. 5. —ISBN 978-7-5114-7925-9
Ⅰ. P631. 3

中国国家版本馆 CIP 数据核字第 2025DH3936 号

中国石化出版社出版发行

地址：北京市东城区安定门外大街 58 号
邮编：100011　电话：(010)57512500
发行部电话：(010)57512575
http://www.sinopec-press.com
E-mail：press@sinopec.com
宝蕾元仁浩（天津）印刷有限公司
全国各地新华书店经销

*

710 毫米×1000 毫米 16 开本 9.5 印张 168 千字
2025 年 5 月第 1 版　2025 年 5 月第 1 次印刷
定价：52.00 元

PREFACE 前言

在人类探索地球奥秘、开采地下资源的征程中，井下探测技术一直是不可或缺的关键手段。无论是寻找矿产资源、评估地质结构，还是监测地下工程的安全性，精准且高效的井下探测技术都发挥着不可替代的作用。随着科技的飞速发展，传统井下探测技术逐渐暴露出效率低、精度不足等问题，难以满足现代复杂地质环境下日益增长的探测需求。在此背景下，井下电磁探测技术凭借其独特优势，如非接触式探测、对不同地质体的敏感性以及能够提供丰富的电磁响应信息等，逐渐成为地质勘探与工程监测领域的研究热点和重要发展方向。

本书旨在系统梳理和深入探讨井下电磁探测技术的前沿进展，特别是聚焦于瞬变电磁井下探测系统模型、接收阵列和发射阵列信号处理方法、阵列优化设计、MIMO 电磁阵列探测技术以及定向探测技术等方面。这些内容为提升井下探测的精度和效率提供了坚实的理论基础和强大的技术指导。书中不仅详细阐述了瞬变电磁井下探测的信号模型、接收阵列信号处理方法、发射阵列聚焦探测技术、阵列优化设计方法、MIMO 电磁阵列探测方法与设计以及定向探测技术等核心内容，还通过分享救援井远探测系统和套管损伤检测系统的应用案例，生动展示了这些技术在实际工程中的应用效果和价值。

本书的编写不仅是对当前井下电磁探测技术研究成果的一次系统总结，更是对未来技术发展方向的一次展望。通过深入剖析瞬变电磁探测技术的原理、模型和应用，我们希望能够为地球物理学、地质工程学等领域的研究人员和工程技术人员提供一本全面、权威且实用的参考书。书中所涉及的技术和方法，不仅有助于提高井下探测的精度和效率，还能够为解决实际工程中的复杂问题提供新的思路和解决方案。我们期待这本书能够成为连接理论研究与工程实践的桥梁，激发更多创新思维，推动井下电磁探测技术在未来的资源勘探、地质灾害预警以及地下工程建设等领域发挥更大的作用，为人类更好地认识地球、利用地下资源做出积极贡献。

由于作者水平和时间有限，书中不足之处在所难免，敬请读者批评指正。

CONTENTS 目录

第1章 绪 论

1.1 井下电磁探测技术简介

1.1.1 井下探测技术

在井下作业领域，无论是矿产资源的开采，还是各类地下工程建设，精准掌握井下地质情况、明晰潜在安全隐患都至关重要。井下探测作为地球物理勘探的重要手段之一，因其能够更接近地下的被探测对象，且不受地面建筑等介质的干扰，近年来受到了研究学者以及工程人员的广泛关注。

钻探技术是最为传统且应用广泛的井下探测技术之一。它通过使用专业的钻探设备向井下钻孔，从而获取地下不同深度的岩芯样本。这些岩芯样本能够直观地呈现岩石的种类、结构、孔隙度以及所含矿物成分等信息，进而帮助地质人员分析井下的地质构造、地层分布以及判断是否存在矿产资源等情况。钻探技术的优点在于其获取的信息准确性高、直观性强，能够详细掌握局部的地质情况。然而，它也存在明显的局限性，如钻探过程成本较高、效率相对低下，尤其是在需要大面积了解井下地质情况时，需要钻取较多钻孔，耗费大量的人力、物力和时间。并且钻探属于一种局部破坏式的探测手段，对井下原有环境会造成一定程度的影响。

地球物理测井技术是在已钻成的井筒内开展的一种井下探测技术。它借助各类井下测井仪器，沿井筒下放至不同深度，测量如岩石的电阻率、自然伽马射线、声波传播速度等多种物理性质参数，然后基于这些参数推断井下地层的岩性、孔隙度、渗透率以及含油、气、水情况等。常见的测井方法包括电阻率测井、伽马测井、声波测井等。其中，电阻率测井是利用不同岩石和流体具有不同导电性能的原理来区分地层；伽马测井则是通过测量地层自然放射性的强弱判断岩石类型。该技术的优势在于能够在井筒内连续获取大量不同深度的物理参数信息，高效且相对全面地反映井下地质特征。不过，其探测结果受井眼条件、仪器精度等因素的影响较大，且对远离井筒区域的情况探测能力有限。

1.1.2 井下电磁探测技术

井下电磁探测技术主要是基于电磁学原理，通过向井下发射特定频率和强度的电磁信号，使这些信号在传播过程中与周围的岩石、矿体、水体以及各类井下设施等发生相互作用，如反射、折射、散射等。位于不同位置的电磁信号接收装置则负责捕捉这些变化后的信号，后续经过信号处理、分析以及成像等一系列操作，进而推断井下的地质构造，目标物体的位置、形态以及相关物理属性等信息。井下电磁探测技术与其他井下探测技术相比，具有以下优点：

1）井下电磁探测技术是非接触式探测，对井下环境破坏小，不像钻探技术需要向井下钻进钻孔才能获取岩芯样本。电磁探测不会直接破坏井下岩石等介质的结构，能最大限度地保持井下原有环境的完整性，减少了因探测作业对井下稳定性的影响，降低了井下作业的安全风险，尤其适用于一些对地质结构稳定性要求较高的区域。

2）井下电磁探测技术探测范围广、效率高。电磁信号可以在井下较大范围内传播，能够快速获取大面积的地质信息，与逐点探测的钻探技术相比，探测效率更高。例如，在巷道掘进过程中，可以快速探测前方较大区域内地质的异常情况，为巷道的快速推进提供及时的地质信息支持。通过布置不同方向的发射和接收装置，可以对井下不同方向的地质情况进行探测，从而获取更全面的地质信息，而一些传统的探测技术只能获取单一方向或有限方向的信息。

3）井下电磁探测技术对特定目标的探测敏感度高。以煤岩体的电性差异为基础，井下电磁探测技术对含水异常体、金属矿体等低阻目标体的反应敏感。在煤矿开采过程中，可以有效地探测到煤层中的积水区域、含水层以及金属矿产资源等，为煤矿的水害防治和矿产资源勘探提供重要的信息支持。当井下存在地质异常体（如断层、陷落柱等）时，这些区域的电性特征会发生变化，电磁探测技术能够敏锐地捕捉这些变化，从而准确地识别地质异常区域，为后续的工程处理和灾害防治提供依据。

4）井下电磁探测技术数据处理灵活、成像直观。电磁探测技术获取的数据丰富，可以通过多种数据处理方法进行分析，如反演算法、成像技术等，能够从不同角度对井下地质情况进行解读。技术人员可以根据实际需求选择合适的数据处理方法，从而提高探测结果的准确性和可靠性。经过处理后的数据可以生成直观的二维图像或三维图像，清晰地展示井下地质结构的形态、位置和分布情况，便于技术人员直观地理解和分析井下地质情况，为工程设计和施工提供了有力参考。

5）井下电磁探测技术适用范围较广。无论是在金属矿山、煤矿，还是在其他非金属矿山的井下探测中，电磁探测技术都能发挥一定的作用。并且对于不同的地质条件，如不同的岩石类型、地层结构等，只要存在电性差异，就可以使用该技术进行探测，具有较强的适应性。此外，该技术还可以与钻探、巷探等其他探测技术相结合，相互验证和补充，从而提高探测结果的准确性和可靠性。例如，在钻探之前先进行电磁探测，初步确定地质异常区域后，再进行钻探验证，能够有效提高探测效率和精度。

1.1.3　瞬变电磁探测技术

常见的井下电磁探测方法主要包含井下瞬变电磁法、感应测井法、井下直流电法、电透视法等。本书所介绍的方法主要是基于瞬变电磁法，其他电磁方法由于原理类似也可以借鉴和参考。瞬变电磁法(又称脉冲涡流法)是电磁感应井下探测方法中的一个重要分支，采用脉冲式电场作为场源，在两次脉冲的间隙测量感应电动势，理论上不存在一次场源的干扰。与声波等井下探测技术相比，瞬变电磁法的传感器探测距离大、消耗功率小、潜在危害小，在探测环境的适应性、处理地质目标的非均质性以及识别储层的电性分辨率等方面，均表现出明显的优势。这些优势为油藏开发阶段的储层识别和监测、套管损伤检测等场景提供了有效支持，所获取的电阻率是确定储层含油饱和度或套管损伤情况的重要参数。瞬变电磁思想最早于 1933 年由 L. W. Blau 介绍，该方法在发射信号关断的期间测量介质的电阻率信息，理论上不会受到发射信号的直接耦合影响。之后 Dutta 等采用瞬变电磁法进行裸眼井井下探测，认为采用该方法可以实现超深度测量，而且其信号具有丰富的频谱成分。另外，作为一种时域测量方法，瞬变电磁不同采样时刻信号中各层介质所占权重不同，利用多个采样时刻可以对不同径向距离的地层进行联合反演(图 1-1)。正是由于上述特点，使得瞬变电磁法得到了非常广泛的应用。

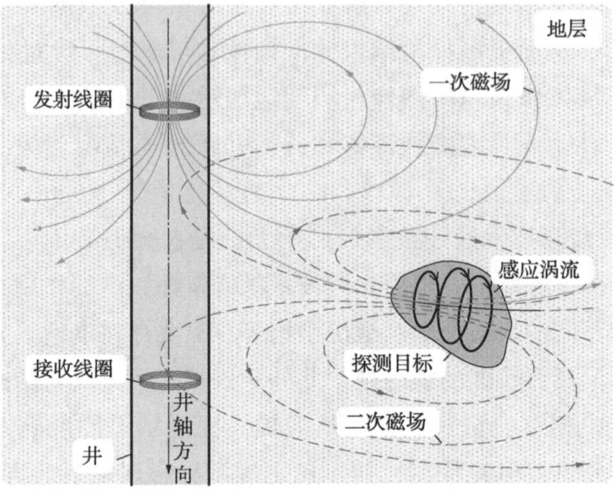

图 1-1　瞬变电磁井下探测原理示意图

1.2　面临的挑战与机遇

1.2.1　面临的困难与挑战

经过多年的研究与发展，井下电磁探测技术，尤其是瞬变电磁探测技术已应用于煤矿油藏探测、水文地质研究、井下目标定位等多种地球物理勘探领域，但在实际应用中仍面临诸多困难与挑战。

瞬变电磁井下探测技术的数据处理与解释极为复杂。反演算法存在局限性，常用的线性反演算法处理复杂井下地质情况时基于简化理论模型，不能很好地考虑实际特性，结果偏差大，非线性反演算法虽理论上更适应复杂条件，但计算量大、易陷入局部最优解，难以获得准确唯一结果，这使得其还原井下地质信息困难。而且井下地质介质在多个方面存在不均匀性，不同岩石因其电性参数不同，使电磁波传播规律复杂多变，难以用统一模型描述解释，还易造成虚假异常，干扰对探测结果的正确解读。此外，当在井下探测中结合多源数据时，不同来源数据在测量尺度、数据格式、物理意义等方面均有差异，多源数据融合与解释难度大，缺乏成熟高效的方法将钻探、测井等数据与瞬变电磁探测数据有机结合，从而准确判断地下地质异常体全貌。

设备性能与适应性方面同样存在问题。井下高温、高湿且充满粉尘的恶劣环境对瞬变电磁探测设备影响严重。高温会使电子元件性能下降、使用寿命缩短；高湿易引发短路、腐蚀等；粉尘会堵塞散热通道、破坏线路元器件正常工作。在深部煤矿井下此类情况导致设备故障率明显上升，影响探测工作开展。此外，井下作业中的震动、冲击要求设备有良好的抗震、抗冲击性能，可目前部分设备在这方面设计并不完善，难以适应复杂的力学环境，限制了可靠应用与探测的持续进行。

更严重的是，井下复杂环境严重限制了电磁信号的信噪比，主要体现在以下几个方面。1)井下众多机电设备的运行产生了强烈的电磁噪声，其频率范围广、强度不一，容易将瞬变电磁探测所需接收的微弱二次感应涡流场信号淹没，致使信噪比大幅降低。例如，煤矿井下采煤机工作时的电磁干扰就会使有效信号模糊不清，从而影响对地质情况的判断。2)井下空间狭窄且有诸多支护结构、管道、线缆等障碍物，既不利于探测设备的合理布置及信号发射、接收，从而限制了探测范围，又会使电磁波传播路径改变，让接收信号复杂难分析，从而增加了结果解释的难度。老旧矿井巷道中管道纵横交错时这种情况尤为明显。最重要的是，传感器发射和接收信号的强度和信噪比与其探头尺寸成正比，而井下空间狭小，要保证仪器的通过性就无法采用大尺寸的探头。3)井下压力可能达到几十兆帕甚至上百兆帕。高压环境会对设备的结构强度要求极高，设备必须能够承受巨大的压力而不发生变形或损坏。为了应对井下的高压环境，井下瞬变电磁系统往往需要采用金属工具护壳，而这种护壳会对发射和接收信号产生屏蔽作用。4)井下温度通常高达到 150℃，甚至更高。这样的高温条件会对电磁探测设备的电子元件、传感器、线缆等造成严重影响。高温可能导致如电子元件性能下降、线缆绝缘老化、传感器精度降低等问题。此外，高温还限制了一些高性能芯片、器件和材料的使用，影响了系统的数据采集性能和传感器的敏感程度。

1.2.2 研究现状与新的发展机遇

目前瞬变电磁探测技术的研究重点为探测模型的建模反演和传感器的设计应用两大部分，国内外学者对此做了大量研究。为了研究全空间瞬变电磁场的扩散，Chang 等采用三维时域有限差分法(FDTD)模拟了磁源在任意方向上产生的全空间瞬变电磁场的扩散模式以及三维低阻体的全空间瞬态电磁响应。Song 等介绍了球体激励方法(SEA)在瞬变电磁系统的建模和反演方面的发展，并将基于模型的球体激励方法扩展到高导电和可渗透物体的瞬态电磁响应的精确计算中。Qiu 等介绍了 BCGS-FFT-BIM 算法在从频域中的瞬变电磁测量数据反演地下电导率分布中的应用。之后又分析了均匀半空间的瞬变电磁感应电动势变化趋势，并使用三维非结构化四面体网格矢量有限元全场电磁正演模拟算法对典型的一维分层模型和三维模型的响应进行了数值模拟。针对未爆弹药这种小尺寸、超浅和密集的探测目标，Zhu 等介绍了一种成像算法，以获得最佳的阈值标记，并自动实现密集目标识别。基于瞬变电磁的涡流扩散特性，Liu 等分析了铁磁套管涡流响应的衰减过程，推导出了衰减率与套管参数之间的关系表达式，介绍了基于衰减率的壁厚减薄评估方法。

瞬变电磁接收和发射传感器的设计与相应的信号处理方法是影响瞬变电磁井下探测性能的一大要素。作为间接采集电磁场数据的传感器，感应线圈最常用于瞬变电磁井下探测系统。Smith 等通过理论计算并与 SQUID 磁场强度计的实验数据对比，证明了感应线圈的有效性。此外，为了研究瞬变电磁中的激发极化效应，Du 等验证了低温超导量子干涉器替代传感器的可行性。近年来，随着巨磁阻(Giant Magneto Resistance，GMR)技术的发展，GMR 阵列在瞬变电磁井下探测中也得到了广泛的应用，Rifai 等采用旋转激励场和 GMR 阵列实现了套管的无损检测。但是井下温度范围跨度大，而 GMR 传感器温度漂移严重，因此 GMR 在井下探测中有很大的局限性。发射线圈作为一次场的激励源，其设计与应用是瞬变电磁技术的重点研究方向。Zhou 等介绍了一种双正交矩形探头，以提高瞬变电磁探测分辨率。其研究结果表明发射磁场分布与励磁线圈的形状和几何参数密切相关。Fu 等分别利用纵向探头和横向探头产生不同方向的磁场，实验结果表明，发射磁场的分布方向对探测性能有显著影响。

近年来，为了进一步提高瞬变电磁井下探测系统的信噪比和分辨率，研究学者们采用多个发射线圈或接收线圈来进行联合处理。Dang 等利用一大一小两个探头不同采样时刻的信号对多层管柱进行联合检测，提高了井下瞬变电磁套管损伤检测的纵向分辨率。Wang 等构建了一个具有 3×3 接收线圈阵列的拖曳式瞬态电磁传感器，并通过 9 个接收线圈的响应来提高深部目标信号的信噪比。Dang 等介绍了一种双接收线圈的瞬变电磁井下探测结构，在距离发射线圈较远处布置一个辅助线圈用来接收系统移动产生的背景噪声，通过差分信号处理提高系统信号的信噪比。

上述方法研究分析了多个线圈之间信号的关系，通过多个线圈组成瞬变电磁阵列进行联合处理，给井下瞬变电磁的定向探测带来了新的解决思路。瞬变电磁采用多个阵元组成阵列，通过设计不同阵元的位置调整各阵元的激励电流，或者通过对各接收阵元进行信号处理，从而获得更高自由度信息。

1.2.3　阵列技术在雷达等领域的发展现状

实际上，阵列信号处理在雷达、通信等领域起步更早，发展更快，已经得到了广泛的应用。雷达通过具有方向性的发射天线向空中发射电磁波，电磁波在空间光速传播的过程中遇到目标会反射回雷达的接收天线，通过发射与回波的时间差可以识别目标与雷达的距离。传统机械雷达通过机械转动天线控制波束在空间以不同角度扫描，从而获取目标的方位角。在阵列雷达中，窄带电磁波的远场回波信号从不同角度到达阵列各阵元的相位差不同，通过对其接收信号模型进行分解，可以将与波达方向角相关的因子提取出来，组成导向矢量，如图 1-2 所示。基于对导向矢量的补偿和约束，在雷达和通信阵列信号处理中形成了波束形成技术，以及相控阵、自适应天线和智能天线等典型应用。

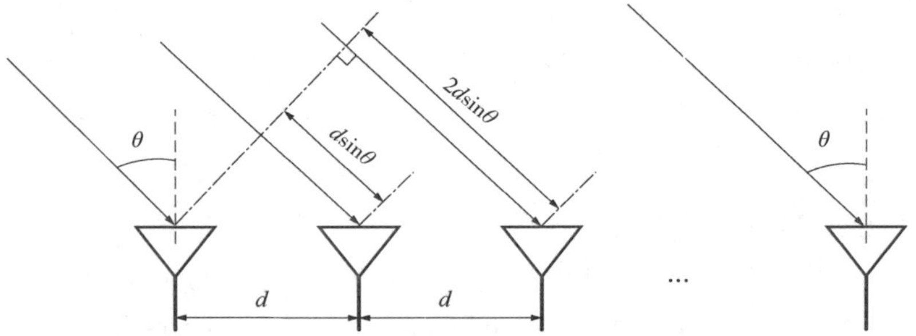

图 1-2　阵列导向矢量

波束形成技术也称空域滤波，其原理是通过对阵列各阵元的信号进行加权，使得阵列天线的方向增益聚集到一个方向上，形成一个波束，以达到增强期望信号、抑制干扰信号的目的，这种技术已经逐渐成为阵列信号处理的标志之一。最初的普通波束形成技术通过对导向矢量进行匹配滤波以实现阵列波束的电扫描，突破了传统机械雷达扫描速度慢、波束指向不灵活的限制。随后，自适应波束形成理论逐渐成型并快速发展。自适应波束形成通过综合阵列几何结构和信号环境信息，采用不同的准则和算法来评价和寻找最优的自适应权，从而将最大接收方向调整到信号来波方向，零向调整到干扰来波方向，具有灵活可靠的抗干扰能力。经典的自适应波束形成准则有最小均方误差(MMSE)、线性约束最小方差(LCMV)、最大信噪比(SNR)等。近年来，自适应波束形成技术快速发展，并应用于各种新的技术和体制中。例如，由大量低成本无源元件组成的智能反射面，通过对每个元件的反射信号进行相位调制，在无须任何发射射频链路的情况下可以协同实现三维无源波束形成。Zheng 等通过联合优化天线接入点处有源天线阵列的发射波束形成，并在智能反射面处通过无源移相器反射波束形成，在满足信干噪比(SINR)约束的同时最小化天线接入点处的总发射功率。在第五代无线网络(5G)中，采用由高维模拟移相器、功率放大器与低维数字信号处理单元组成的混合收发器实现混合波束成形，可以有效降低成本和功耗。

随着阵列信号处理技术的深入研究，阵列规模朝着大型化的方向发展，在获得良好性能的同时，系统成本、复杂度和计算量也随之增加，极大地增大了实现的难度。为了降低阵列系统复杂度和成本，学者们对阵列优化设计进行了大量的研究。稀疏阵列技术采用非均匀、阵元间距大于信号半波长的稀疏阵列代替均匀阵列，通过减少阵元数的方式降低阵列系统的成本和复杂度，在不减小阵列孔径的条件下，不仅具有较高的分辨率，还能够在一定程度上减少阵元间的互耦效应。Cohen 等介绍了一种新的基于最大阵元间距约束(MISC)的稀疏阵列结构，由 3 个稀疏均匀线阵和 2 个适当放置的独立传感器组成，能够提供更多的自由度并且减少互耦效应。Zheng 等介绍了一种可扩展的系统化方法，用于设计考虑多种属性的大型稀疏阵列。子阵划分技术将所有阵元按照实际需求合理地划分为不同的子阵，每一个子阵共用信号处理单元，从而降低系统的硬件成本和实现难度，是一种有效、折中的工程实现方案。Dai 等研究了基于可重构智能表面的子阵划分算法设计，在保持最小速率要求的同时，最小化子阵列的数量。Huang 等介绍了一种联合发射子阵划分和波束形成方法，通过在一定约束条件下构造整个接收回波信噪比最大化的优化模型，优化发射阵列的子阵结构和相应的波束形成权向量，从而最大化雷达发射机的功率利用率，降低发射波束图的峰值旁瓣电平，提高雷达抗干扰性能。Jiyuan 等介绍了一种基于加权 L1 范数迭代凸优化方法的不规则子阵划分方法，通过采用一个良好的初始点进行局部优化，可以快速获得性能更好的子阵列划分结构。

此外，发射端和接收端都采用多阵元天线阵列的 MIMO 技术在近几年也得到了研究学者的广泛关注。MIMO 的概念最早出现在无线通信领域，通过发射/接收分集和空间复用技术，MIMO 通信系统可以获得更高的可靠性和数据传输速率。之后，Rabideau 等为了降低雷达的发射功率和设备成本，将 MIMO 引入雷达领域。与传统的相控阵雷达系统不同，MIMO 技术在发射端和接收端都采用多阵元的天线阵列，其每个发射天线可以发射不同的波形，如图 1-3 所示。这种方法，一方面，能够动态管理发射阵列的发射功率，控制发射波束的指向，从而抑制阵列主瓣的杂波信号；另一方面，MIMO 阵列可以通过设计正交发射波形并对回波信号进行匹配滤波来获取更多的虚拟通道，从而获取更高的自由度、更好的信噪比和更多的可识别目标数。

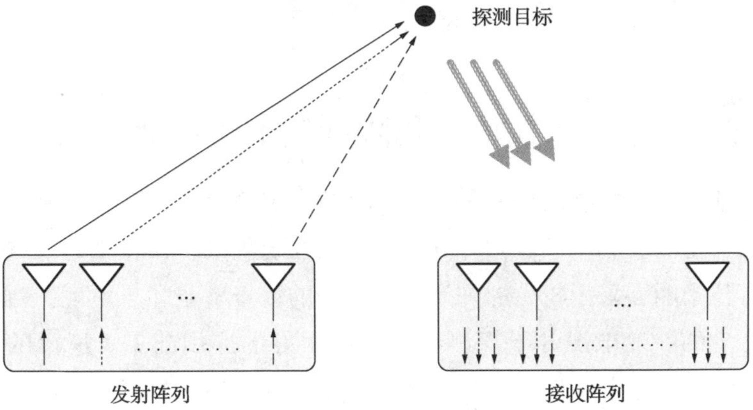

图 1-3　MIMO 雷达示意图

波形分集赋予 MIMO 雷达巨大的潜力，MIMO 雷达可设计的波形参数以及相应的处理方式比相控阵雷达要灵活很多，当然波形设计过程和信号处理也比传统相控阵雷达更复杂。MIMO 雷达波形设计可以分为两大类：一类是正交波形设计。频分正交波形信号将同一信号包络调制到若干均匀等间隔的载频上，是 MIMO 雷达中常用的一种正交波形信号。而码分正交信号则在不同的发射通道中使用相同的载频，通过不同的波形编码实现彼此正交。此外，混合正交波形信号也得到了大量的研究，如编码-线性调频信号、相位编码-线性调频混合信号、频分相位编码信号、离散频率编码-线性调频混合信号。另一类 MIMO 雷达波形设计则是希望有效利用发射波形之间的相关性，自适应地调整 MIMO 雷达发射波形，以适应不同的战术需要，从而提升雷达在复杂电磁环境中对目标的探测性能。如设计发射方向图的最小化方向图匹配误差准则、最小化方向图积分旁瓣主瓣比准则；提高目标探测性能的最大信干噪比准则、最大化相对熵准则；提高目标参数估计性能的最小化克拉美界(Cramer-Rao Bound)准则等。

通过研究 MIMO 雷达的系统架构和阵列设计，也可以有效提升探测性能，甚至能够带来新的优势。例如，双基地雷达具有隐蔽侦察、可探测隐身目标等优势，将其与 MIMO 技术相结合，可以同时获得探测目标相对于接收阵列和发射阵列的角度信息，从而实现无须距离估计的目标定位。Wang 等介绍了一种基于稀疏阵列优化的 MIMO 雷达通信系统设计，通过优化配置稀疏发射阵列的天线选择和配对波形实现每秒兆比特的数据通信速率。

1.3 井下电磁阵列探测技术

1.3.1 井下电磁探测应用阵列技术的难点

雷达、通信领域的阵列信号处理技术，能够通过发射/接收波束形成有效提高探测性能，还能够利用子阵划分等技术降低系统复杂度，特别是 MIMO 阵列的空间分集等技术能够采用较少的阵元获得更高的信号增益和自由度，对于空间有限、环境恶劣的瞬变电磁井下探测领域具有很好的应用前景。遗憾的是，与雷达、通信等领域利用电磁波传播与反射原理来识别探测目标不同，瞬变电磁技术基于电磁感应涡流扩散原理，很难直接应用阵列信号处理技术。将阵列信号处理技术应用于瞬变电磁井下探测领域主要存在以下问题：

1）瞬变电磁井下探测信号模型中没有导向矢量。导向矢量代表着电磁波到达雷达不同位置阵元的相位差(时延差)，是阵列信号处理的基础。而瞬变电磁基于电磁感应原理，虽然各阵元信号由于收发距离的不同也会存在类似的差别，但其信号模型中收发距离与其他探测参数耦合在一起，很难被单独提取出来形成导向矢量加以应用。

2）瞬变电磁井下探测的阵列信号处理方法的研究起步较晚，进展缓慢。在雷达、通信等领域中，接收阵列和发射阵列的阵列信号处理技术均经过了多年深入的研究，形成了大量有效的准则和方法。而在瞬变电磁井下探测领域中，虽然有学者利用多个发射线圈或者接收线圈来提高瞬变电磁井下探测系统的探测性能，但是很难拓展为系统的阵列信号处理方法，限制了阵列信号处理技术在瞬变电磁井下探测领域的应用。

3）瞬变电磁井下探测中，狭小的井下空间限制了阵列信号处理技术的有效应用。在井下探测中，井下工具的直径要求一定程度上小于井眼尺寸，而且为了保证工具在井下的通过性，对井下工具的长度也有要求。但是，阵列信号处理技术采用了多个发射阵元或多个接收阵元，在获得通道增益提高探测性能的同时，也增加了系统的复杂度。特别是对于发射系统来说，多个发射阵元需要配置相应数量的发射电路，在增加了发射系统复杂度的同时还需要增加井下探测工具的尺寸。

4）瞬变电磁的发射信号形式比较单一，难以进行有效设计。在雷达、通信等领域，MIMO 阵列技术灵活地设计了各发射阵元的发射波形，不仅可以实现不同的发射方向图，还能够利用正交发射波形的接收匹配滤波获取通道增益。而瞬变电磁技术的发射信号为斜阶跃信号或者阶跃信号，只能进行幅度调制，应用于多发射阵列时具有强相关性，很难在接收端实现通道分离。

1.3.2　井下电磁阵列探测技术的快速发展

近年来，学者们针对上述问题做了大量研究，井下电磁阵列探测技术得到了快速发展。Dang 等分析研究瞬变电磁阵列信号模型，通过建立瞬变电磁阵列井下探测信号解耦模型，对各阵元的收发距离与探测目标参数解耦，并将信号解耦模型推广至瞬变电磁接收阵列井下探测系统，从信号模型中将与收发距离有关的因子单独提取出来组成导向矢量，为后续的瞬变电磁阵列信号处理提供了基础。针对瞬变电磁接收阵列 Dang 等介绍了收发距离拟合加权方法，通过 LCMV 准则对各接收阵元进行加权，消除了不同接收阵元收发距离不同对信号的影响。基于该方法，他们还研究了基于对称瞬变电磁接收阵列的救援井相对姿态识别方法，通过分析阵列加权输出和对比对称阵元的感应信号，在近距离探测时可以识别救援井和事故井的相对姿态，为两井能够快速准确地连通提供信息，并通过仿真和实验证明了所提方法的有效性。刘长赞等分析了瞬变电磁发射阵列井下探测系统信号模型，分析结果表明不同发射阵元也具有不同的收发距离，各阵元的发射电流就是发射阵列的天然加权，将信号解耦模型推广至瞬变电磁发射阵列井下探测系统，通过信噪比最大准则求解发射加权矢量，并对基于 LCMV 的收发距离拟合方法进行改进和对比分析，结果表明基于信噪比最大的瞬变电磁发射阵列加权方法不仅可以使加权输出信号的信噪比最大，还能够消除阵元间不同收发距离对阵列输出信号的影响。

此外，类似于雷达阵列的发射波束形成，瞬变电磁发射阵列还能够实现磁场聚焦。在地面和裸眼井探测领域，瞬变电磁阵列基于几何因子理论有效地实现了磁场聚焦。Kim 等研究了基于电流控制线圈阵列的合成磁场聚焦（SMF）方法。研究结果表明，通过调整每个发射阵列元件的电流，可以聚焦发射线圈激发的磁场，而该电流是通过直接矩阵求逆得出的。上述方法可以有效地应用在地面或者部分裸眼井中，然而受井下高温高压、狭小的井眼尺寸等因素的限制，尤其是受到高导电性仪器外护管和井下套管的趋肤效应的影响，几何因子理论并不完全适用。刘长赞等分析了瞬变电磁发射阵列的井下探测系统磁场分布，分析结果表明，通过发射电流加权不仅能够改变接收阵列的感应信号，还能够改变发射磁场的分布，在此基础上采用 WMMSE 准则实现瞬变电磁合成发射磁场聚焦，通过对各发射阵元加权使发射磁场分布与期望的磁场分布的加权均方误差最小。针对井下发射系统发射功率有限，发射线圈发射电流存在限制的井下探测环境，刘长赞等推导了功率约束下的 WMMSE 合成磁场聚焦发射电流权向量。仿真和实验结果表明，该方法可以在额定功率下实现最优的合成磁场聚焦。针对瞬变电磁发射阵列电流加权系统结构复杂的问题，他们还在子阵划分理念的基础上，结合瞬变电磁理论和发射线圈缠绕的特点，介绍了极小化瞬变电磁合成磁场聚焦发射阵列优化设计方法，给出了极小化瞬变电磁合成磁场聚焦发射阵列的结构，并推导了相应的磁场分布信号模型，介绍了一种 FoM，用来评价并优化设计极小化瞬变电磁合成磁场聚焦发射阵列的参数。通过仿真和实验证明了极小化发射磁场聚焦阵列只通过一个发射电路就可以实现发射加权合成磁场聚焦。他们还将信号解耦模型推广至 MIMO 瞬变电磁阵列井下探测系统，并介绍了空时通道分离方法，在时间上将一个发射周期分为多个子周期，通过设计发射电流矩阵和通道分离矩阵将空间上发射阵列和接收阵列之间的多个收发通道进行分离。他们分析了 MIMO 瞬变电磁阵列各收发通道的收发距离特性，介绍了针对独立收发通道数的 MIMO 瞬变电磁阵列优化设计方法，通过设计 MIMO 阵列中各发射阵元和接收阵元的相对位置，来获得最多的独立收发通道数。

井下瞬变电磁阵列技术如今已经取得了很好的发展并在诸多领域获得了广泛且重要的应用。随着科技的不断进步，该技术在原理研究上日益深入，通过构建多个瞬变电磁发射源与接收单元组成的阵列系统，充分利用阵列在空间布局以及多源信号协同工作方面的优势，克服了传统单点探测方式的局限。在实际应用方面，它在煤矿井下发挥着关键作用，能够精准探测采空区积水、含水层等含水异常体，提前为水害防治提供可靠依据，有效保障井下作业安全；在金属矿山领域，它能够助力探寻深部矿体，清晰勾勒出矿体分布及周边地质构造情况，指导合理的开采方案的制订；同时，在众多井下工程中，它还可以对潜在的地质隐患如断层、陷落柱等进行有效探查，为工程施工保驾护航。此外，相关的仪器设备也在朝着高精度、高稳定性、智能化的方向持续改进，操作越发便捷，数据处理和成像效果也更为理想，进一步推动了井下瞬变电磁阵列技术在井下探测领域应用范围的不断拓展，彰显出其不可替代的重要价值。

第2章　井下电磁阵列探测技术基础理论

2.1　信号模型的建立与分析

2.1.1　井下电磁信号的特点

瞬变电磁井下探测技术采用脉冲式电场作为场源，可以在不伤害地底结构的情况下，快速准确地获取目标介质的电阻率信息，与声波等井下探测技术相比，具有探测距离大、消耗功率小、潜在危害小的特点。瞬变电磁井下探测技术获取的电阻率数据是判断套管质量、探测储层、识别井下目标方位的重要信息，有助于地下能源的安全、高效开发。例如，通过瞬变电磁井下探测系统对套管进行无损检测是油水井套管损伤防治的有效措施，对延长油水井的使用寿命、提高油气田产量以及采收率具有重要意义。不仅如此，在发生井喷事故时，还可以利用裸眼井中的瞬变电磁井下探测系统识别事故井套管的方位，帮助救援井与事故井进行导向连通，及时控制井喷事故。此外，通过瞬变电磁井下探测系统获取地层电阻率，有助于准确识别储层的分布形态，能够为油田的持续发展提供重要支撑。

在井下勘探及作业的实践过程中，电磁信号的研究至关重要，它犹如一把无形的钥匙，能够帮助作业人员解锁井下诸多未知的地质信息以及潜在的安全隐患。要深入理解井下电磁信号，需要先明晰井下独特的环境特点和电磁探测的内在原理，其中既包含几何空间特点，也涵盖发射信号、作用机理、地质介质等多方面的情况，它们共同作用，形成了井下电磁信号独有的特点，进一步影响着相应信号模型的构建。

油井呈现出竖直且管径较细的几何空间形态，在这样相对特殊的环境里，瞬变电磁信号的特性及传播深受电磁感应内在原理的影响。瞬变电磁信号的工作核心在于电磁感应，先是向井下发射一次脉冲磁场，基于电磁感应定律，当这个变化的磁场在地下介质中传播时，会在导电介质内激发产生二次感应涡流场，而对二次感应涡流场随时间变化情况的观测与分析，便成为获取井下地质信息的关键。在油井的竖直井壁限制下，脉冲磁场的扩散范围和方向受到一定约束，致使地下介质中不同位置处接收到的初始磁场变化情况各异，进而使得生成的二次感应涡流场在强度、分布形态等方面呈现出不均匀性。例如，靠近井壁区域的介质由于受井壁边界的影响，其产生的二次感应涡流场的变化规律与远离井壁区域的介质存在明显差别，这使得最终接收到的反映井下地质情况的瞬变电磁信号变得复杂且具有独特的空间分布特征，给准确解读信号中蕴含的地质信息带来挑战。

从电磁感应内在原理角度进一步剖析，其涉及诸多物理量之间的相互关系。如介质的电导率、磁导率以及介电常数等参数，都会对电磁感应过程中磁场的激发、涡流场的产生及后续的衰减等环节产生关键影响。不同地质体有着不同的电性参数组合。在油井中，随着深度的变化，岩石层、油层、水层等地质体交替出现，它们之间电性参数的差异导致了电磁感应效果千差万别。例如，高电导率的水层在面对脉冲磁场时，会产生相对较强的二次感应涡流场，而低电导率的岩石层产生的涡流场则较弱，这些差异反映在瞬变电磁信号上就是信号幅值、相位等的变化。电磁感应过程是一个随时间动态变化的过程，二次感应涡流场产生后并非一成不变，而是随着时间不断衰减、扩散，其时间特性与地质体的特性紧密相关，这使得瞬变电磁信号在时域上也有着复杂的变化规律，进一步增大了信号分析的难度。

再结合油井复杂的地质环境，地质压力、温度随深度递增等因素同样不可忽视。这些因素会改变地下介质的电性参数，进而对电磁感应过程产生干扰，使信号的衰减更明显，信号传播规律也变得难以捉摸。例如，在深部高温高压环境下，介质的电导率可能会发生改变，原本基于常规条件建立的电磁感应关系及预期的信号变化情况就不再适用，需要重新考量这些环境因素对电磁感应的影响，从而准确把握信号特征。

综合上述油井的几何空间特点、复杂地质环境以及电磁感应内在原理对信号的影响，瞬变电磁信号呈现出高度复杂性、明显的衰减性以及时域变化特性显著等特点。基于这些特点构建瞬变电磁信号模型时，必须充分考虑电磁感应内在原理中的各物理量关系、不同地质体的电性参数差异以及与深度相关的环境因素变化等内容。要以电磁感应的基本定律为基石，详细描述脉冲磁场、二次感应涡流场在油井这种特定环境下的产生、传播、相互作用以及随时间变化的完整过程，精准刻画它们与井下地质信息之间的映射关系，从而建立能够如实反映瞬变电磁信号在油井中的真实变化规律的信号模型，为高效勘探油井、准确评估油层状况以及有效排查潜在地质隐患等工作提供坚实可靠的理论支撑。

2.1.2 瞬变电磁井下探测信号模型

根据瞬变电磁探测原理和井下特殊的应用场景，图 2-1 展示了瞬变电磁井下柱状多层探测系统模型。不同介质呈圆柱形包裹中心探头，从外到里依次为地层、水泥环、套管、空气和磁芯。其中，套管用于支撑井壁，保证钻井过程中和完井后整个油、气井的正常运行，一般为碳钢材质，如 J55、L80、N80、P110 等。在一个测量周期内，给缠绕在磁芯上的发射线圈施加激励信号，然后在激励信号关断的间歇内，对同样缠绕在磁芯上的接收线圈的感应电动势进行采样。

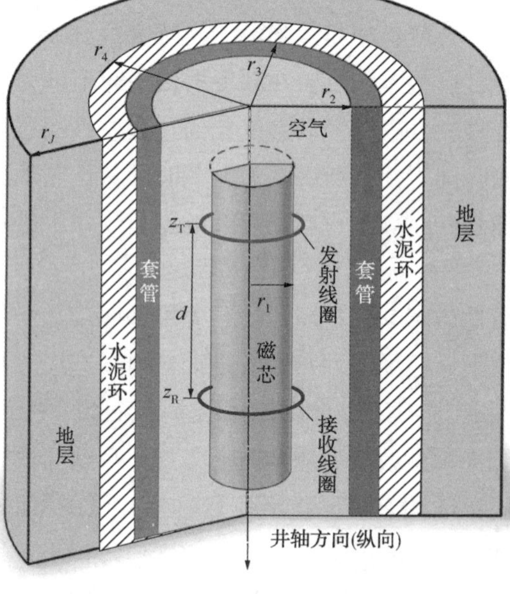

图 2-1　瞬变电磁井下探测系统模型

需要注意的是，图 2-1 中的瞬变电磁井下探测模型为基础模型，可以根据瞬变电磁井下探测系统的具体应用场景进行调整。例如，在井下套管损伤检测系统中，需要根据套管和油管的层数修正信号模型；在井下储层探测系统中，图 2-1

模型中的地层可以进行更加细致的区分。基于涡流扩散特性，不同距离的地层在不同时刻响应中所占的比重不同，可以利用多个时刻的感应电动势联立反演不同距离地层的电阻率；在井下救援井探测系统中，测试井一般是裸眼井，通过地层的电阻率反演事故井套管的距离，因此探测模型中没有套管和水泥环，且在地层中还应包含事故井的套管。

假设发射线圈的径向厚度足够小，仅第二层介质为有源区，其他层(水泥环和地层等)均为无源区。第 j 层介质的电导率、磁导率和介电常数分别记为 σ_j、μ_j 和 ε_j，半径记为 r_j。发射线圈和接收线圈分别位于高度 z_T 和 z_R 处。根据麦克斯韦方程组，引入磁矢量 $\mathbf{A}$ 的亥姆霍兹方程可表示为：

$$\nabla^2\mathbf{A}_2+k_2^2\mathbf{A}_2=-\mathbf{J}_e \tag{2-1}$$

$$\nabla^2\mathbf{A}_j+k_j^2\mathbf{A}_j=0,\quad j\neq 2 \tag{2-2}$$

式中，$k_j^2=\mu_j\varepsilon_j\omega_j^2-i\mu_j\sigma_j\omega_j$；$\mathbf{J}_e$ 为电场源。

通过引入满足 $e_j^2=\lambda^2-k_j^2$ 的变量 e_j 和 λ 求解式(2-1)和式(2-2)，则点(r,θ,z)处的一次场为：

$$A'_j(\omega,d,r)=\begin{cases}0, & j\neq 2\\ \dfrac{I(\omega)r_0}{\pi}\displaystyle\int_0^\infty O_1(e_2r)K_1(e_2r_T)\cos(\lambda d)\mathrm{d}\lambda, & j=2,\ r>r_T\\ \dfrac{I(\omega)r_0}{\pi}\displaystyle\int_0^\infty O_1(e_2r_T)K_1(e_2r)\cos(\lambda d)\mathrm{d}\lambda, & j=2,\ r<r_T\end{cases} \tag{2-3}$$

式中，r、θ、z 分别为圆柱坐标系内该点的径向距离、角度和高度，由于模型为轴对称模型，磁场与角度 θ 无关；j 为该点位于模型内介质的层数，一次场仅包含有源区，在无源区中一次场为 0；ω 为角频率；d 为该点与发射线圈的垂直距离，可由 $|z-z_T|$ 计算得出；r_T 表示发射线圈的半径，由于发射线圈紧密缠绕在磁芯上，可认为 $r_T=r_1$；$I(\omega)$表示发射电流；$K_1(\cdot)$和 $O_1(\cdot)$分别表示第一类和第二类的 1 阶修正贝塞尔函数。

同样，通过式(2-1)和式(2-2)，可得点(r,θ,z)处的二次场为：

$$A''_j(\omega,d,r,x)=\frac{I(\omega)r_0}{\pi}\int_0^\infty[C_jK_1(e_jr_j)+D_jO_1(e_jr_j)]\cos(\lambda d)\mathrm{d}\lambda \tag{2-4}$$

式中，C_j 和 D_j 分别为反射和传导因子，与地层介质的各项参数有关，也包含了

探测目标参数 x。在瞬变电磁井下探测模型中，探测目标参数 x 为与电阻率有关的参数。例如，在井下套管损伤检测系统中，x 为与套管电阻率信息相关的套管壁厚；在井下救援井探测系统中，x 为与地层电阻率相关的事故井套管距离。

点(r, θ, z)处的场可以表示为一次场和二次场的叠加：

$$A_j(\omega, d, r, x) = A'_j(\omega, d, r) + A''_j(\omega, d, r, x) \tag{2-5}$$

通过边界条件 $C_1=0$ 和 $D_1=0$，可以求解出各层介质的反射因子 C_j 和传导因子 D_j。场量和矢量磁位的关系可表示为：

$$\mathbf{H} = \nabla \cdot \mathbf{A} \tag{2-6}$$

由式(2-6)可得位于最内层(第一层)介质中点(r, θ, z)的磁场强度为：

$$H_{z1}(\omega, d, r, x) = \frac{r_1 I(\omega)}{\pi}\int_0^{\infty} e_1 C_1 K_0(e_1 r)\cos(\lambda d)\mathrm{d}\lambda \tag{2-7}$$

式中，$K_0(\cdot)$为第一类的 0 阶修正贝塞尔函数。

接收线圈感应电动势的幅值和磁场变化的速度有关。基于上述模型，频率域的感应电动势可写为：

$$\widetilde{U}'(\omega, d, x) = -i\omega\mu_1\int_0^{r_1} H_{z1}(\omega, d, r, x)\cdot 2\pi r\mathrm{d}r \tag{2-8}$$

利用 S 阶 Gaver-Stehfest(G-S)逆拉普拉斯变换将式(2-8)转换至时域，表示为：

$$U'(t, d, x) = \frac{\ln 2}{t}\sum_{s=1}^{S} E_s \widetilde{U}'\left(\frac{s\ln 2}{it}, d, x\right) \tag{2-9}$$

式中，$i\omega = s\ln 2/t$，t 为观测时间；E_s 为 G-S 逆拉普拉斯变换的第 s 阶系数。

令 $f(\omega, x, r, \lambda) = 2\pi r e_1 C_1 K_0(e_1 r)$，联立式(2-7)、式(2-8)和式(2-9)，可得接收线圈在时域的感应电动势为：

$$U'(t, d, x) = \xi\sum_{s=1}^{S} E_s I\left(\frac{s\ln 2}{it}\right)\int_0^{r_1}\int_0^{\infty} f\left(\frac{s\ln 2}{it}, x, r, \lambda\right)\cos(\lambda d)\mathrm{d}\lambda\mathrm{d}r \tag{2-10}$$

式中，$\xi = -\mu_1 r_1 \ln 2/t\pi$。

在井下探测过程中，假设除探测目标参数 x 外的其他信息已知，则可通过接收线圈的感应电动势对探测目标参数，如金属套管壁厚(井下套管损伤检测)、事故井套管距离(井下救援井探测)和油水驱替前沿(井下储层探测)等，进行反演。

2.1.3　基于数学模型的信号特性解析

为了提高瞬变电磁井下探测系统的信号强度和信噪比，通常将多匝线圈作为发射线圈和接收线圈。这时每一匝接收线圈的响应可以认为是多匝发射线圈分别发射时响应的叠加，而整个多匝接收线圈的响应可以认为是每一匝接收线圈响应的叠加。假设发射线圈的匝数为 N_T，接收线圈的匝数为 N_R，则接收线圈的感应电动势为：

$$U(t,\ d,\ x)=\sum_{n_T=1}^{N_T}\sum_{n_R=1}^{N_R}U'(t,\ d_{n_T,\ n_R},\ x) \tag{2-11}$$

式中，d_{n_T,n_R} 代表第 n_T 匝发射线圈到第 n_R 匝接收线圈的收发距离。

收发距离的取值范围与发射线圈和接收线圈的线径以及匝数有关。当多匝发射线圈和多匝接收线圈的匝数较少时，可以认为各匝接收线圈与各匝发射线圈的收发距离相差不大，对于接收信号的影响可以忽略，则可将式(2-11)近似改写为：

$$U(t,\ d,\ x)=N_TN_RU'(t,\ d,\ x) \tag{2-12}$$

式中，d 为发射线圈中心到接收线圈中心的距离。

为了提高接收信号的强度和信噪比，发射线圈和接收线圈匝数逐渐增多，各匝接收线圈与各匝发射线圈收发距离的差别逐渐增大，其带来的影响难以忽略。

为了具体分析收发距离对接收感应电动势的影响，本节将发射线圈置于 $z_T=0$mm 处，从 $z_R=0$mm 到 $z_R=160$mm 改变接收线圈的位置，仿真模拟的不同收发距离下接收线圈的感应电动势和归一化感应电动势如图 2-2 所示。具体的仿真参数如表 2-1 所示。

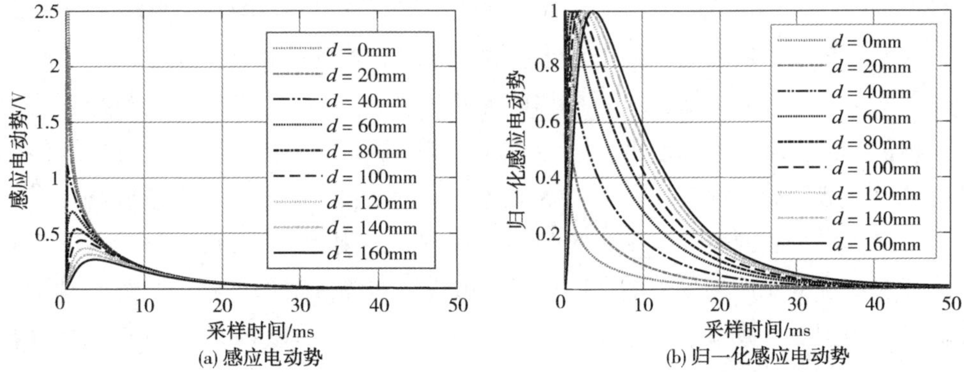

图 2-2　不同收发距离下接收线圈的感应电动势和归一化感应电动势

表 2-1　接收线圈感应电动势仿真参数

参数	符号	值
磁芯外径	r_1	12mm
发射线圈匝数	N_T	19
接收线圈匝数	N_R	62
发射线圈线径	e_T	0. 33mm
接收线圈线径	e_R	0. 13mm
工具护管内径	r_2	18. 5mm
工具护管外径	r_3	21. 5mm
套管内径	r_4	62. 13mm
套管外径	r_5	69. 85mm
水泥环外径	r_6	88. 9mm
磁芯磁导率	μ_1	5000
关断时间	t_{off}	30μs

由图 2-2(a)可知，不同收发距离的接收线圈感应电动势总体呈现快速增加然后缓慢减少的趋势。然而，随着收发距离的增加，感应电动势的峰值逐渐减小，从 2. 5V(d=0mm)降低至 0. 26V(d=160mm)。为了更清楚地对比不同收发距离下接收感应电动势的差异，对图 2-2(a)中的感应电动势进行归一化处理，结果如图 2-2(b)所示。通过对比可知，随着收发距离的增加，感应电动势曲线到达峰值的时间也在增加，从 0. 17ms(d=0mm)增加至 3. 67ms(d=160mm)。这种不同收发距离接收线圈的感应电动势差异与雷达相控阵的相移类似。

从图 2-2 中还可以看出，在同样的探测环境中，不同收发距离的感应电动势不仅幅值不同，形态差别也很大。为了进一步分析收发距离对瞬变电磁接收线圈的感应电动势和探测性能的影响，本书将一个长接收线圈分为 8 个接收阵元，设计了一个 1 发 8 收的瞬变电磁接收阵列，各阵元的间距为 20mm，并以井下套管损伤检测系统的应用场景为例，进行了模拟现场实验。瞬变电磁接收阵列结构和实验环境如图 2-3 所示，其中探头的参数与上文的仿真环境相同。实验采用的被测套管为标准 5½in 套管(内径为 124. 3mm，外径为 139. 7mm，壁厚为 7. 72mm)，在套管的 4 个位置不同程度地增大了壁厚，增大的厚度分别为 3mm、1mm、2mm 和 4mm，壁厚变化段的长度分别为 15cm、10cm、10cm 和 15cm。

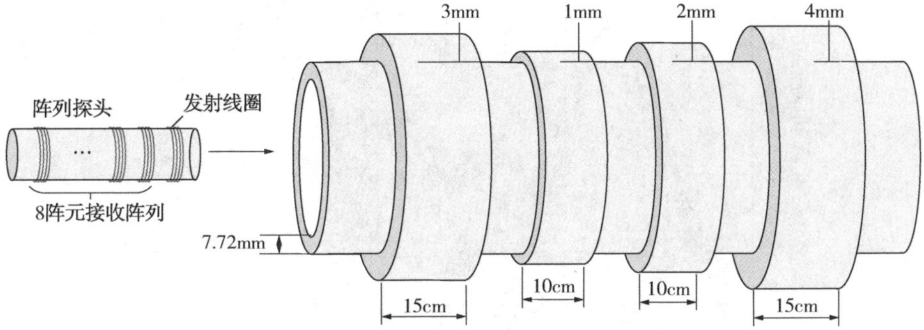

图 2-3　模拟实验环境和瞬变电磁接收阵列结构示意图

将阵列探头缓慢地从套管中心穿过，瞬变电磁接收阵列的 8 个接收阵元的感应电动势如图 2-4 所示。采样时刻为 40ms，为了使对比更加明显，各阵元的感应电动势都进行了归一化。从图 2-4 中可以看出，8 个接收阵元的感应电动势趋势一致，曲线中的 4 个突起分别对应着套管的 4 个壁厚增加段。但是，8 个接收阵元的信号曲线存在着明显的区别，收发距离的不同使得各接收阵元的感应电动势产生了偏移和变形，与阵列雷达中的相移特性很相似。为了对比不同收发距离所造成的感应电动势的相移特性对探测性能的影响，本书将整体接收线圈的感应电动势(8 个接收阵元的感应电动势求和)与收发共置线圈(收发距离为 0)的感应电动势曲线进行了对比。图 2-5 展示了整体接收线圈的归一化感应电动势曲线，即 8 个接收阵元的感应电动势求和，同时对比了收发共置线圈的感应电动势曲线，其收发距离为 0，其他参数与接收阵列的单个接收阵元相同。从图 2-5 中可以看出，8 个接收阵元感应电动势求和之后的曲线相对单个收发共置接收线圈的曲线更加平滑，这是由于增加的线圈匝数提高了感应电动势的信号强度和信噪比。但是对比两条曲线可以发现，求和后的感应电动势曲线相对于单个接收线圈的曲线存在一定的变形，两个壁厚增加段之间的曲线变化幅值降低甚至模糊。由于收发距离不同，各接收阵元感应电动势之间存在一定的变形和相移，如果采用一个大接收线圈，或者直接对各接收阵元的信号进行求和，虽然可以提升信噪比，但是会严重降低探测的纵向(井轴方向)分辨率。需要注意的是，不同接收阵元的感应电动势曲线之间的相移和变形不仅与阵元间距和收发距离有关，还与二次场扩散的范围有关，很难通过峰值对齐进行补偿。

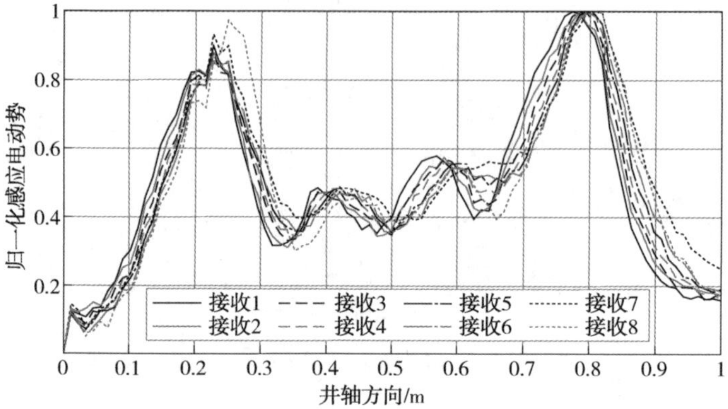

图 2-4　瞬变电磁接收阵列各阵元的归一化感应电动势

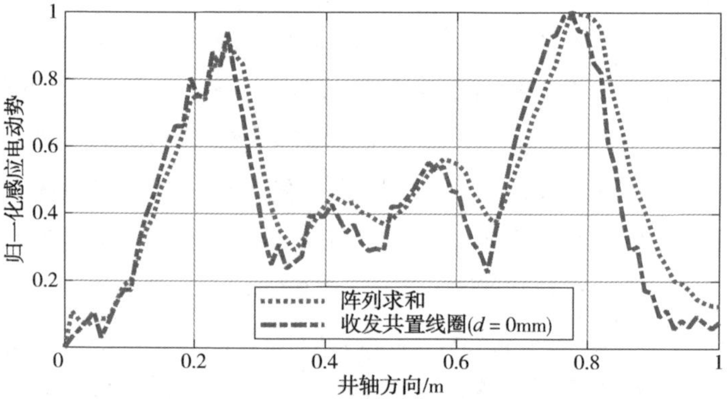

图 2-5　接收感应电动求和曲线与收发共置线圈的归一化感应电动势对比

综上所述，收发距离的增加不仅会造成接收感应电动势幅度的减小，还会产生一定的相移变化，这种影响使得接收探头的长度不能无限增加，限制了线圈匝数和接收信号的强度以及信噪比，因此需要研究如何补偿消除甚至有效利用不同位置的各匝线圈间收发距离的差异对瞬变电磁感应电动势的影响。在雷达、通信等领域的阵列信号处理中，与阵元空间位置相关的因子可以从接收信号模型中提取出来形成导向矢量，通过对导向矢量加以补偿和约束，从而形成有效利用阵元的空域信息，提高接收信号的信噪比。但如式(2-10)所示，瞬变电磁信号模型中收发距离和探测目标参数耦合在一起，无法单独提取出来形成导向矢量，即使将瞬变电磁线圈分为多个阵元，也很难将阵列信号处理技术引入瞬变电磁井下探测领域。因此，需要研究、建立瞬变电磁信号解耦模型，将收发距离和探测目标参数解耦。

2.2　接收阵列信号处理方法

2.2.1　阵列信号解耦模型

雷达中的阵列信号处理可以根据不同接收阵元的空间位置求取空间导向矢量，不仅可以消除接收信号之间相位差的影响，还能够利用导向矢量估计目标方位，通过波束形成实现空间滤波。但是与雷达的电磁波传播原理不同，瞬变电磁是基于电磁感应原理，如式(2-10)所示，感应电动势中收发距离和探测目标参数，如套管壁厚等，耦合在一起，无法直接分离出导向矢量。为了充分利用多个接收线圈实现阵列增益，本节建立瞬变电磁井下探测系统的信号解耦模型，采用基于高斯-勒让德积分的数值近似方法将理想信号模型中收发距离和探测目标参数解耦。

考虑到式(2-10)中修正贝塞尔函数的单调递减特性，可将积分上限近似改写为一个有限值 λ_0。则式(2-12)可近似改写为：

$$U(t,\ d,\ x)=\ \xi N_{\mathrm{T}}N_{\mathrm{R}}\int_0^{\lambda_0}\sum_{s=1}^{S}E_sI\left(\frac{s\ln2}{it}\right)\int_0^{r_1}f\left(\frac{s\ln2}{it},\ x,\ r,\ \lambda\right)\mathrm{d}r\cos\ (\lambda d)\mathrm{d}\lambda \tag{2-13}$$

用 $\lambda_0(\lambda'+1)/2$ 代替 λ 调整积分范围，式(2-13)可改写为：

$$U(t,\ d,\ x)=\chi\int_{-1}^{1}\sum_{s=1}^{S}E_sI\left(\frac{s\ln2}{it}\right)\int_0^{r_1}f\left(\frac{s\ln2}{it},\ x,\ r,\ \lambda_0\frac{\lambda'+1}{2}\right)\mathrm{d}r\cos\left(\lambda_0\frac{\lambda'+1}{2}d\right)\mathrm{d}\lambda' \tag{2-14}$$

式中，$\chi=\xi N_{\mathrm{T}}N_{\mathrm{R}}\lambda_0/2$。

基于高斯-勒让德积分方程，式(2-14)可改写为多阶勒让德多项式求和的形式：

$$U(t,\ d,\ x)=\chi\sum_{p=1}^{P}A_p\sum_{s=1}^{S}E_sI\left(\frac{s\ln2}{it}\right)\int_0^{r_1}f\left(\frac{s\ln2}{it},\ x,\ r,\ \lambda_0\frac{B_p+1}{2}\right)\mathrm{d}r\cdot \cos\left(\lambda_0\frac{B_p+1}{2}d\right) \tag{2-15}$$

式中，P、A 和 B 分别为高斯-勒让德多项式的代数精度、系数和零点。

令：

$$g_p(t,\ x)=A_p\sum_{s=1}^{S}E_sI\left(\frac{s\ln2}{it}\right)\int_0^{r_1}f\left(\frac{s\ln2}{it},\ x,\ r,\ \lambda_0\frac{B_p+1}{2}\right)\mathrm{d}r \tag{2-16}$$

$$v_p(d)=\cos\left(\lambda_0\frac{B_p+1}{2}d\right) \tag{2-17}$$

则式(2-15)可简写为：

$$U(t,\ d,\ x)=\chi\,\mathbf{v}^{\mathrm{T}}(d)\mathbf{g}(t,\ x) \tag{2-18}$$

$$\mathbf{v}(d)=[v_1(d)\quad v_2(d)\quad \cdots \quad v_P(d)]_{P\times1}^{\mathrm{T}} \tag{2-19}$$

$$\mathbf{g}(t,\ x)=[g_1(t,\ x)\quad g_2(t,\ x)\quad \cdots \quad g_P(t,\ x)]_{P\times1}^{\mathrm{T}} \tag{2-20}$$

式中，$\mathbf{v}(d)$ 为收发距离对瞬变电磁响应的影响，即造成相位差的偏移因子；$\mathbf{g}(t,\ x)$ 为探测目标参数等其他参数对瞬变电磁响应的影响，即感应电动势中的目标信号部分。

在基于数值近似的信号解耦模型中，与收发距离相关的分量被独立分解出来，这表示其对感应信号的影响可通过补偿而减小甚至消除。下面本书基于上述信号解耦模型，针对瞬变电磁接收阵列介绍收发距离拟合加权方法，以消除因各接收阵元收发距离不同对感应信号的影响。

2.2.2 拟合加权的基本原理与数学推导

将长接收线圈分为 N 个接收阵元组成的线性均匀接收阵列，瞬变电磁接收阵列井下探测系统的模型可以修改为如图 2-6 所示。假设发射阵元匝数 N_{T} 和接收阵元匝数 N_{R} 足够小，则同一个接收线阵元中各匝线圈间的收发距离差可以忽略。令接收阵元间距为 Δz，各接收阵元的收发距离为 d_1 到 d_N。

根据 2.2.1 节的阵列信号解耦模型，接收阵列的感应电动势可表示为：

$$\mathbf{u}(t,\ \mathbf{d},\ x)=[U(t,\ d_1,\ x)\quad U(t,\ d_2,\ x)\quad \cdots \quad U(t,\ d_N,\ x)]^{\mathrm{T}} \tag{2-21}$$

$$U(t,\ d_n,\ x)=\chi\mathbf{v}^{\mathrm{T}}(d_n)\mathbf{g}(t,\ x) \tag{2-22}$$

式中，$U(t,\ d_n,\ x)$ 为第 n 个接收阵元的感应电动势；x 为与电阻率有关的探测目标参数；$\mathbf{d}=[d_1,\ d_2,\ \cdots,\ d_N]^{\mathrm{T}}$。

假设各接收阵元处的探测目标参数值相同，则接收阵列的感应电动势信号为：

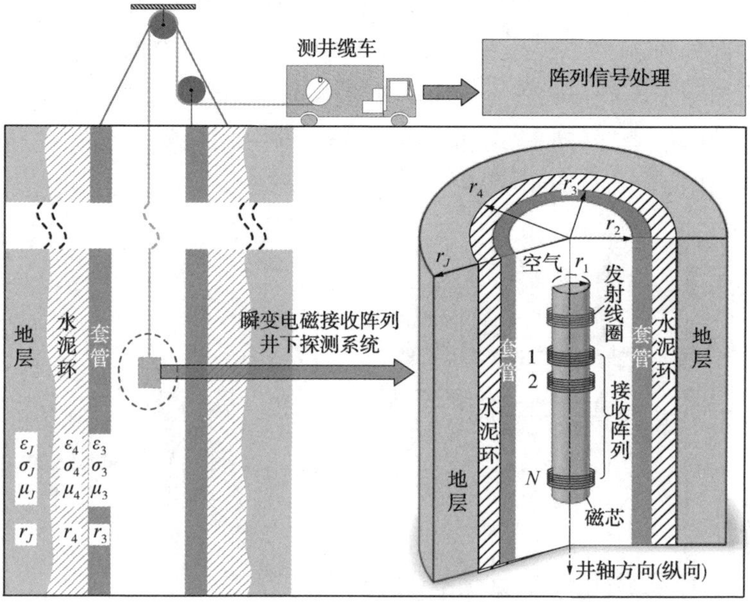

图 2-6 瞬变电磁接收阵列井下探测系统模型

$$\mathbf{u}(t,\ \mathbf{d},\ x)=\chi\mathbf{X}(\mathbf{d})\mathbf{g}(t,\ x)+\mathbf{n}(t) \tag{2-23}$$

$$\mathbf{X}(\mathbf{d})=[\mathbf{v}(d_1)\quad \mathbf{v}(d_2)\quad \cdots\quad \mathbf{v}(d_N)]^{\mathrm{T}}_{N\times P} \tag{2-24}$$

$$\mathbf{n}(t)=[n_1(t)\quad n_2(t)\quad \cdots\quad n_N(t)]^{\mathrm{T}}_{N\times 1} \tag{2-25}$$

式中，$\mathbf{n}(t)$为系统噪声。

值得注意的是，式(2-23)中矩阵 $\mathbf{X}(\mathbf{d})$与雷达阵列信号处理中的导向矢量相似，而矩阵 $\mathbf{g}(t,\ x)$则携带着需要测量的探测目标的参数信息，相当于阵列信号处理中的信号部分。由于导向矢量 $\mathbf{X}(\mathbf{d})$独立于观测时间和探测目标参数，因此可以通过加权来减小甚至消除收发距离对感应信号的影响。

基于上节建立的信号解耦模型，本书介绍针对瞬变电磁接收阵列收发距离的拟合加权方法，通过 LCMV 准则对接收信号加权拟合导向矢量，减小甚至消除收发距离对感应信号的影响。用权向量对阵列接收信号进行优化可表示为：

$$y(t,\ x)=\chi\mathbf{w}^{\mathrm{T}}\mathbf{X}(\mathbf{d})\mathbf{g}(t,\ x)+\mathbf{w}^{\mathrm{T}}\mathbf{n}(t) \tag{2-26}$$

式中，$y(t,\ x)$为采样时刻 t 的阵列感应电动势信号加权后的输出；$\mathbf{w}$ 为 $N\times 1$ 维的权向量。

根据自适应数字波束形成方法，可采用 LCMV 准则对 $\mathbf{X}(\mathbf{d})$进行约束，使加权后的导向矢量为收发距离为 0 时的偏移因子，即 $\mathbf{w}^{\mathrm{T}}\mathbf{X}(\mathbf{d})=\mathbf{v}^{\mathrm{T}}(0)$。这样，阵列输出的信号部分为$\chi\mathbf{v}^{\mathrm{T}}(0)\mathbf{g}(t,\ x)$，其形式与收发距离为 0 时的接收线圈的信号相同，从而消除了不同接收阵元感应电动势不同的影响。此外，由于采用了多个接收阵元的响应信号进行加权求和，还能够通过阵列增益获得更好的信噪比，加权具体结构如图 2-7 所示。

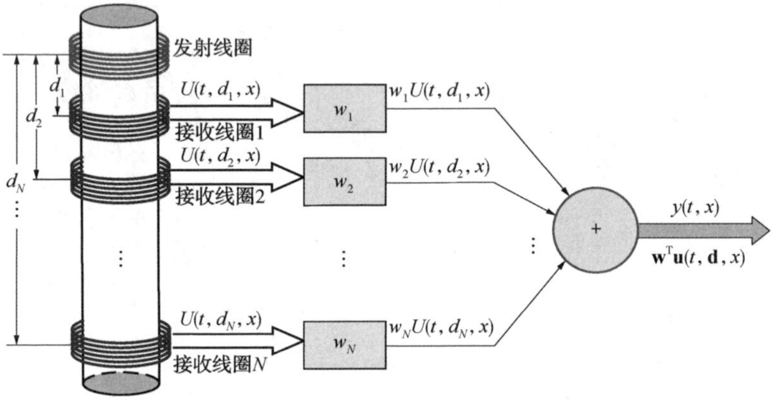

图 2-7　瞬变电磁均匀线性接收阵列的加权输出示意图

利用最小化公式(2-26)的方差优化阵列加权输出信号，则基于 LCMV 准则的最优化问题可表示为：

$$\begin{aligned}&\min_{\mathbf{w}}\quad \mathbf{w}^{\mathrm{T}}\mathbf{R}_{\mathrm{u}}\mathbf{w}\\&\text{s. t.}\quad \mathbf{w}^{\mathrm{T}}\mathbf{X}(\mathbf{d})=\mathbf{v}^{\mathrm{T}}(0)\end{aligned}\tag{2-27}$$

式中，$\mathbf{R}_{\mathrm{u}}$为 $\mathbf{u}(t,\ \mathbf{d},\ x)$的自相关矩阵。

假设信号与噪声不相关，则：

$$\begin{aligned}&\mathbf{R}_{\mathrm{u}}=E\{\mathbf{u}(t,\ \mathbf{d},\ x)\mathbf{u}^{\mathrm{T}}(t,\ \mathbf{d},\ x)\}_{M\times M}=\\&\mathbf{X}(\mathbf{d})E\{\mathbf{g}(t,\ x)\mathbf{g}^{\mathrm{T}}(t,\ x)\}\mathbf{X}^{\mathrm{T}}(\mathbf{d})+\mathbf{R}_{\mathrm{n}}\end{aligned}\tag{2-28}$$

式中，$\mathbf{R}_{\mathrm{n}}$ 为噪声相关矩阵。

假设噪声 $\mathbf{n}(t)$为高斯白噪声，通过拉格朗日乘子法求解最优权为：

$$\mathbf{w}=\mathbf{R}_{\mathrm{u}}^{-1}\mathbf{X}(\mathbf{d})[\mathbf{X}^{\mathrm{T}}(\mathbf{d})\mathbf{R}_{\mathrm{u}}^{-1}\mathbf{X}(\mathbf{d})]^{-1}\mathbf{v}(0)\tag{2-29}$$

式中，$\mathbf{X}^{\mathrm{T}}(\mathbf{d})\mathbf{R}_{\mathrm{u}}^{-1}\mathbf{X}(\mathbf{d})$的维数为 $P\times P$。

考虑到成本、功率以及井下狭小空间的限制，瞬变电磁井下探测系统很难通过装备大量的模拟/数字转换(ADC)电路同时对多个接收阵元进行采样。如图 2-8

所示的阵列采集系统，通过适当调整连接到每个接收阵元的开关电路实现多路通道信号的调理和采集，能够大大减少模拟信号处理电路和模拟/数字转换电路的数量，从而提高瞬变电磁接收阵列系统在井下探测中的实用性。但是开关切换所需的时间会导致每个阵元的采样时刻不同步，需要在阵列信号处理之前通过插值拟合等方式进行时间对齐。

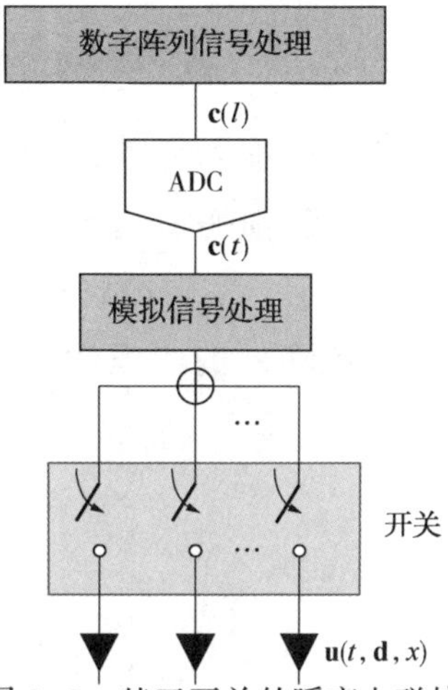

图 2-8 基于开关的瞬变电磁接收阵列信号采集系统

此外，除遍历所有开关来对每一个阵元进行采样外，通过合理调整开关，上述采样系统还能够在低计算成本下重构接收信号的自相关矩阵。$\mathbf{c}(l)$ 表示第 l 个周期采样得到的信号，$l=1, 2, \cdots, L$，长度为 N 的向量 $\mathbf{s}$ 代表每个开关的状态，0 代表开关打开，1 代表开关闭合。当周期数 L 足够大时，$\mathbf{c}(l)$ 的统计量可表示为：

$$C=\frac{1}{L}\sum_{l=1}^{L}\mathbf{c}(l)\mathbf{c}^{\mathrm{T}}(l)=\frac{1}{L}\sum_{l=1}^{L}\mathbf{s}^{\mathrm{T}}\mathbf{u}(l, \mathbf{d}, x)\mathbf{u}^{\mathrm{T}}(l, \mathbf{d}, x)\mathbf{s}\approx\mathbf{s}^{\mathrm{T}}\mathbf{R}_{\mathrm{u}}\mathbf{s} \tag{2-30}$$

式中，$\mathbf{u}(l, \mathbf{d}, x)$ 为 $\mathbf{u}(t, \mathbf{d}, x)$ 在第 l 个周期的采样信号。

令 $\mathbf{s}_{n,m}=\mathbf{a}_n+\mathbf{a}_m$，其中，$\mathbf{a}_n$ 或 $\mathbf{a}_m$ 为除第 n 或第 m 个元素为 1 外，其他元素都为 0 的向量，可以通过 C 重构接收信号的自相关矩阵。$\mathbf{R}'$ 表示重构的信号自相关矩阵，则：

$$\mathbf{R}'_{n,n}=\frac{1}{4L}\sum_{l=1}^{L}\mathbf{s}_{n,n}^{\mathrm{T}}\mathbf{u}(l, \mathbf{d}, x)\mathbf{u}^{\mathrm{T}}(l, \mathbf{d}, x)\mathbf{s}_{n,n}\approx\frac{1}{4}\mathbf{s}_{n,n}^{\mathrm{T}}\mathbf{R}_{\mathrm{u}}\mathbf{s}_{n,n}=\frac{1}{4}C_{n,n} \tag{2-31}$$

$\mathbf{R}_{\mathrm{u},n,m}$ 代表 $\mathbf{R}_{\mathrm{u}}$ 第 n 行第 m 列的元素，由 $\mathbf{R}_{\mathrm{u},n,m}=\mathbf{R}_{\mathrm{u},m,n}$，可得：

$$\begin{aligned}C_{n,m}&=\frac{1}{L}\sum_{l=1}^{L}\mathbf{s}_{n,m}^{\mathrm{T}}\mathbf{u}(l, \mathbf{d}, x)\mathbf{u}^{\mathrm{T}}(l, \mathbf{d}, x)\mathbf{s}_{n,m}\approx\mathbf{s}_{n,m}^{\mathrm{T}}\mathbf{R}_{\mathrm{u}}\mathbf{s}_{n,m}\\&=\mathbf{R}_{\mathrm{u},n,n}+\mathbf{R}_{\mathrm{u},m,n}+\mathbf{R}_{\mathrm{u},n,m}+\mathbf{R}_{\mathrm{u},m,m}\end{aligned} \tag{2-32}$$

$$\mathbf{R}'_{n,m}=\frac{1}{2}\left(C_{n,m}-\frac{1}{4}C_{n,n}-\frac{1}{4}C_{m,m}\right) \tag{2-33}$$

通过调整开关的状态，利用式(2-31)和式(2-33)即可获取接收阵列信号的自相关矩阵。此外，随着接收阵元的增加，可以适当采用一个或者多个如图 2-8 所示的阵列采集系统提高采样的通道数。

2.2.3 不同场景下拟合加权方法的适用性验证

为了验证针对瞬变电磁接收阵列的收发距离拟合加权方法的有效性，有学者以井下套管损伤检测系统为例进行了现场实验，实验环境、接收阵列的结构如图 2-3所示，实验参数同表 2-1。在图 2-5 的基础上，实验对比了采用针对瞬变电磁接收阵列的收发距离拟合加权方法的 8 阵元阵列加权输出曲线，结果如图 2-9所示。

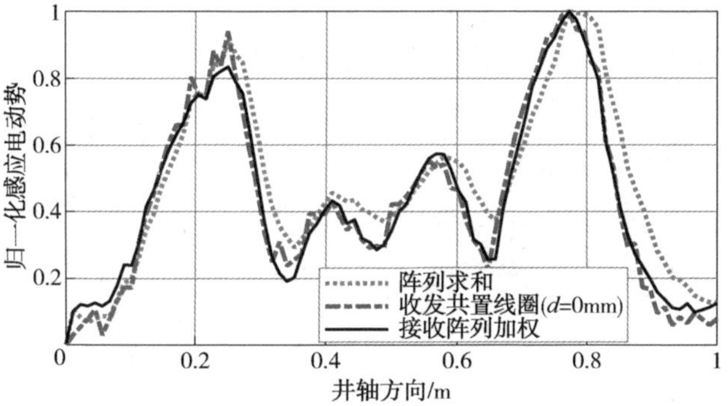

图 2-9 瞬变电磁接收阵列加权输出对比

前文通过对比图 2-5 中收发共置线圈的响应情况可知，将各接收阵元感应信号直接求和会造成严重的失真。而从图 2-9 中可以看出，采用针对瞬变电磁接收阵列的收发距离拟合加权方法，加权阵列输出曲线和收发共置线圈的曲线基本保持一致。其中，由于收发共置线圈中接收线圈与发射线圈共置，无论测量位置在何处，其收发距离都为 0。实验结果表明，通过针对瞬变电磁接收阵列的收发距离拟合加权方法对瞬变电磁接收阵列信号进行加权处理，可以将接收阵列收发距离拟合为 0，从而消除因各阵元收发距离不同对信号造成的影响。此外，加权后的响应曲线比收发共置线圈的曲线更平滑，这也说明对多个阵元的接收信号进行加权积累可以提高信噪比。如果只采用收发共置线圈进行多次重复测量，通过对多次测量的响应曲线求平均值也可以获得更高的信噪比，但是会大大降低检测效率。本书针对瞬变电磁接收阵列介绍收发距离拟合加权方法的目的是消除收发距离对感应信号的影响，该方法不仅适用于井下套管损伤检测系统，对于其他瞬变电磁阵列井下探测系统也同样适用。此外，即使在本节实验中不具体解释套管壁厚，通过对此阵列加权输出曲线也可以说明本方法的有效性。

通过瞬变电磁接收阵列信号处理可以消除收发距离的影响，利用各阵元信号的相干性提高阵列加权输出的信噪比。但是，阵列信号处理的前提是已知各阵元的具体收发距离，这就要求均匀线性接收阵列的阵元间距非常精确，对接收阵列的加工精度要求很高，特别是接收阵元数越多，阵元间距误差对两端阵元的影响越大。为不失一般性，本书采用不同阵元数加权输出的均方根误差(RMSE)进一步说明阵元间距误差对不同阵元数的接收阵列加权性能的影响。RMSE 定义为：

$$\mathrm{RMSE}=\sqrt{\frac{1}{P_{\mathrm{B}}}\sum_{p=1}^{P_{\mathrm{B}}}\{\mathbf{v}^{\mathrm{T}}(0)_{p}-[\mathbf{w}^{\mathrm{T}}\mathbf{X}(\mathbf{d})]_{p}\}^{2}} \tag{2-34}$$

式中，P_{B}为一个尽可能降低模型近似误差的较大值；$\mathbf{v}^{\mathrm{T}}(0)_{p}$ 和$[\mathbf{w}^{\mathrm{T}}\mathbf{X}(\mathbf{d})]_{p}$ 分别为向量 $\mathbf{v}^{\mathrm{T}}(0)$ 和 $\mathbf{w}^{\mathrm{T}}\mathbf{X}(\mathbf{d})$ 的第 p 个元素；$\mathbf{w}$ 为基于 LCMV 的收发距离拟合加权方法的加权矢量，其维数与接收阵元数 N 相同。RMSE 的仿真结果如图 2-10 所示。

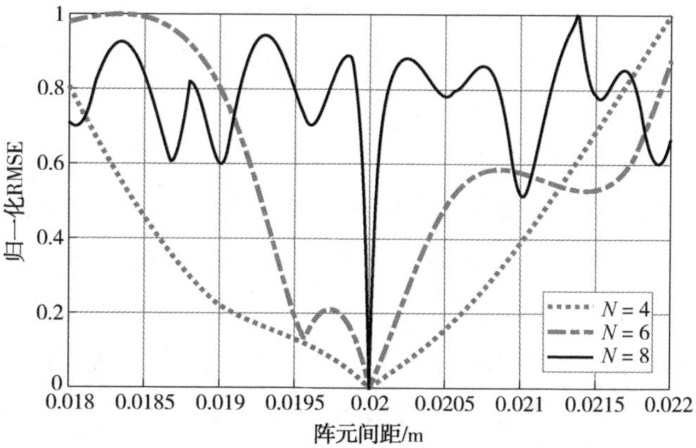

图 2-10　不同阵元数下均方根误差与阵列几何误差的关系

从图 2-10 中可以看出，随着接收阵元数 N 的增加，RMSE 曲线的零点宽度变得更窄。以 $N=8$ 为例，虽然通过增加阵元数可以获得更好的加权性能，但是收发距离拟合加权方法对阵列几何误差的容忍度也会降低，从而需要更高精度的阵列加工工艺。通过对比可知，即使阵元间距误差为 1mm，也可能引入比 $N=6$ 或 $N=4$ 大得多的加权误差。因此，不仅需要考虑信噪比的需求，还要考虑可能存在的阵列几何误差，从而合理地选择接收阵元的个数，实现更高的井下瞬变电磁探测性能。此外，使用多匝线圈组成瞬变电磁阵列，各线圈之间可能会存在一定的互感。但是由于各阵元间距离相对较远，互感对于感应电动势的影响不大，因此本书在理论推导中忽略了各阵元之间互感的影响。本章介绍的针对瞬变电磁接收阵列的收发距离拟合加权方法，通过对信号进行加权处理消除各阵元不同收发距离对感应信号的影响，不涉及探测目标参数的反演方法，因此该方法适用于所有瞬变电磁井下探测应用场景，接下来介绍该方法对于瞬变电磁井下救援井探测的简单应用。

2.3 应用案例分析

2.3.1 救援井应用案例分析

井喷是油、气在开采过程中可能遇到的灾难性事故，往往会造成严重的人员伤亡，破坏油气资源和生态环境。在安全区域处钻一口与事故井连通的救援井，通过注入高密度压井液可以有效控制井喷事故。但受椭球误差的影响，仅依靠事故井的井身轨迹信息很难在几百米甚至几千米的地下实现两井的准确定向连通，需要在钻井过程中持续探测事故井的方位和距离，修正救援井的钻井方向。瞬变电磁救援井远探测系统在裸眼的救援井中进行探测，通过地层电阻率信息反演事故井套管与井下探测工具的距离，可有效帮助两井顺利连通。

通过对图 2-1 中的瞬变电磁井下探测系统模型进行适用性修改，可以获得救援井远距离探测模型，如图 2-11 所示。介质由内到外依次为磁芯、空气、地层和事故井套管。由于救援井轨迹一般设计为逐渐靠近事故井，两井的夹角较小。在瞬变电磁救援井远距离探测时，事故井距离救援井一般在 5m 以外，可以被视为一个点目标，因此假设在一个探测周期内，探测范围中的两口井是相互平行的，距离为 x_d。根据式(2-12)可得接收线圈的感应电动势为：

$$U(t,\ d,\ x_d)=\xi N_T N_R\sum_{s=1}^{S}E_s I(s,\ t)\int_0^{r_1}\int_0^{\infty}f(s\ln 2/it,\ x_d,\ r,\ \lambda)\cos(\lambda d)\,d\lambda\,dr \tag{2-35}$$

式中，x_d 为事故井套管与远探测系统之间的距离，为探测目标参数。

假设在瞬变电磁救援井远探测系统的测量过程中，地层电阻率与被测事故井套管电阻率基本固定。通过对该接收感应电动势信号进行采集和处理，分析瞬变电磁响应的信号幅值和衰减速度即可获取地层的电阻率信息。瞬变电磁救援井远探测系统模型为轴对称的柱状分层结构，探测系统测量的电阻率为圆环一周地层的等效电阻率。虽然事故井实际上位于救援井的一侧，但是由于地层电阻率远大于套管的电阻率，事故井与探测系统的距离是影响测量地层电阻率的重要参数，因此接收线圈的感应电动势(地层电阻率)可以作为事故井距离的有效判断依据。此外，由于圆柱轴对称模型无法反映事故井相对于救援井的方位角度，需要在不同垂直深度进行多次探测，并根据已知井轨迹计算获得该信息。

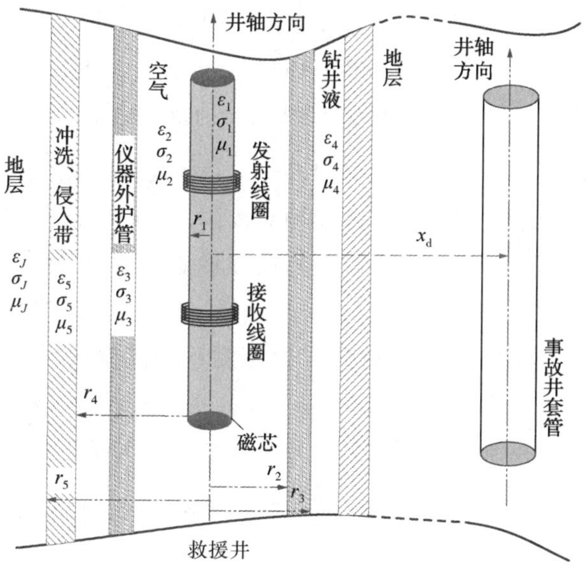

图 2-11　瞬变电磁救援井远探测模型

下面介绍一种井下瞬变电磁救援井远探测系统，其在中海油东沽实验井场已开展了现场模拟实验。实验将井场已有的一口实验井模拟为事故井，实验设计救援井轨迹如图 2-12 所示，两口井位于同一平台上，井口相距约 10m。设计的救援井轨迹可分为远离部分、靠近部分和跟随部分，其中远离部分井深为 400～800m，两井距离从 10m 逐渐远离至 60m；靠近部分井深为 800～1700m，两井距离从 60m 逐渐靠近至 5m 以内；跟随部分井深为 1700～2135m，两井之间保持距离为 5m 左右。

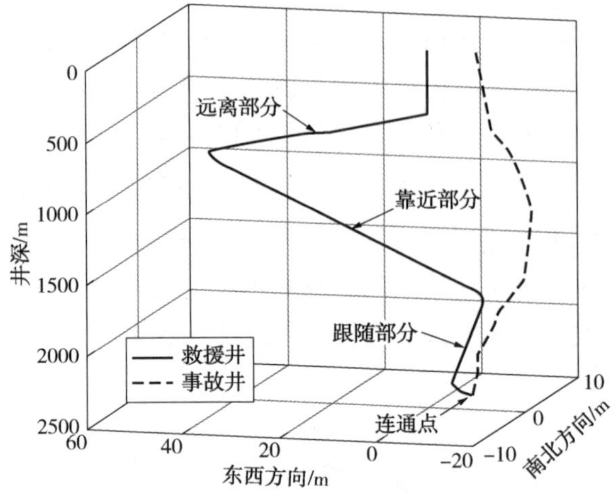

图 2-12 救援井和事故井的设计轨迹

实验计划在救援井钻井过程中探测 6 次，具体每段探测的起止深度如图2-13所示。第 1 探测段位于远离部分，深度相对较浅，此时陀螺测井系统的椭球误差相对较小，可以根据陀螺测井数据验证和校准瞬变电磁井下救援井远探测系统的结果。第 2~6 探测段位于靠近部分，此时井深相对较深，陀螺仪检测数据的椭球误差相对较大，采用瞬变电磁救援井远探测系统的探测结果作为主要参考信息，将救援井轨迹引导至事故井周围 5m 以内。随后，使用静磁探测工具验证瞬变电磁救援井远探测系统的探测结果，并引导救援井与事故井最终连通。

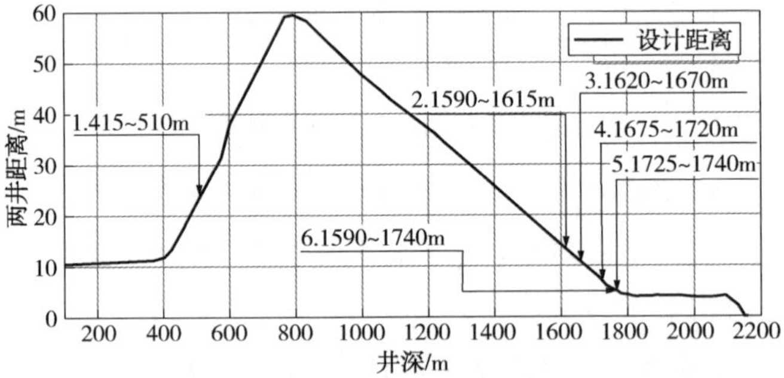

图 2-13 救援井与事故井的设计距离和探测方案

实验环境如图 2-14 所示。将瞬变电磁救援井远探测工具沿猫道提升至井架，并通过电缆下放至探测井段。为了减少金属工具外壳对信号的屏蔽作用，在发射线圈和接收线圈位置用纤维增强塑料外壳包裹工具，但该材料外壳的抗压强度相对较低，需要通过压力平衡装置补偿压力并确保内外压力平衡。

图 2-14　救援井远探测模拟实验现场图

图 2-15 对比了瞬变电磁救援井远探测工具和陀螺测井工具在第 1 探测段的探测结果，其中深色线是探测的距离，坐标轴在左侧，浅色线是根据探测距离计算的方位，坐标轴在右侧。由图 2-15 可知，瞬变电磁救援井远探测工具和陀螺测井工具的探测结果基本保持一致。由于此时井深较浅，椭球误差很小，陀螺测井工具数据准确，这也证明了瞬变电磁救援井远探测系统的准确性。其探测距离

的最大误差小于 2m，相对误差小于 10%。此外，瞬变电磁救援井远探测系统计算的事故井方位与陀螺测井工具也很相近，但也存在一定的误差。这是由于瞬变电磁救援井远探测系统的方位信息是通过救援井自身轨迹和探测距离计算求得的。一方面，探测距离误差和救援井随钻测量数据误差会影响计算结果；另一方面，在计算当前点的方位角时，需要使用前一点计算的方位角，这也会产生累积误差。

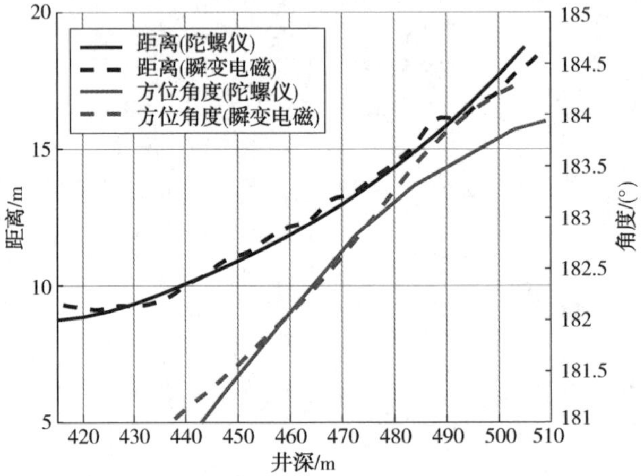

图 2-15　第 1 探测段瞬变电磁救援井远探测结果

第 2~6 探测段的探测结果如图 2-16(a)和图 2-16(b)分别显示了瞬变电磁救援井远探测系统和陀螺测井工具的探测距离和计算方位的对比曲线。由图 2-16 可知，两种测量工具的趋势基本一致。此外，第 6 测量段为前 4 个测量段(第 2~5 测量段)的复测，通过最终探测结果的对比可以看出瞬变电磁救援井远探测系统的重复性良好。探测结果表明，在瞬变电磁救援井远探测系统的探测和引导下，救援井与事故井之间的距离逐渐减小，最终达到距离事故井 5m 以内。静磁探测的测量结果也证实了这一结论，验证了井下瞬变电磁救援井远探测系统的有效性，最终两口井在 2068m 处成功连通。上述实验证明了瞬变电磁救援井探测系统对于远距离(5m 以上)目标的探测性能良好，但对于近距离目标，事故井套管不再被认为是一个点目标，图 2-11 的信号模型并不适用。为了提高瞬变电磁救援井探测系统近距离的探测性能，本书下面介绍基于对称瞬变电磁接收阵列的救援井相对姿态的识别方法。

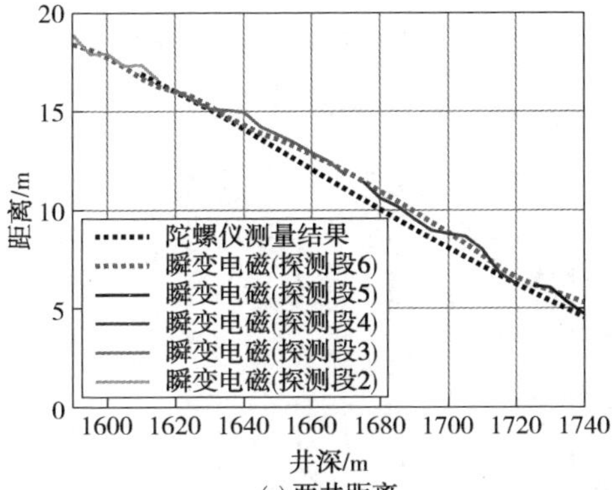

(a) 两井距离

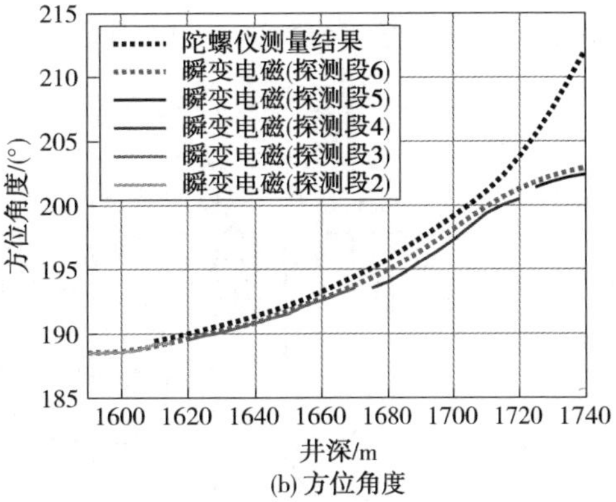

(b) 方位角度

图 2-16 第 2~6 测量段瞬变电磁救援井远探测结果

2.3.2 救援井相对姿态识别方法

如上节中现场实验设计的钻井轨迹，救援井钻井一般包括 3 个阶段：接近、追踪和连接。常见的救援井轨迹设计方法有 3 种：逐渐接近、直接连接和旁通(BYPASS)方法，分别见图 2-17 中的救援井轨迹 A、B 和 C。救援井轨迹 C 所使用的 BYPASS 方法通过两次接近事故井来降低椭球误差的影响，连通成功率最高。如果轨迹连接点的垂直深度不能满足 BYPASS 方法井眼曲率的要求，则应优先考虑逐渐接近方法的救援井轨迹 A，救援井轨迹逐步逼近事故井，通过跟随阶段多次测试提高连通成功率。与上述两种方法相比，直接连通法的救援井轨迹 B 成功率最低，仅适用于连接点很浅的井况。但是无论采用上述哪种方法，救援井都需要在不同深度对事故井进行多次定位，尤其是对于近距离探测情况，以确保高连通率。长期近距离跟踪探测不仅不方便工程实施，而且会降低救援井的钻井效率，不利于将事故井的损失降到最低，因此需要在近距离探测时快速准确识别两井的相对距离和相对姿态，为两井的连通提供数据支撑。

2.3.1 节介绍了瞬变电磁救援井远探测系统和其远距离探测的性能。然而，在近距离的跟踪阶段，瞬变电磁系统的响应包含更多纵向金属套管的信息，这意味着事故井套管不再能够被视为点目标，否则在反演距离和方向时会导致严重失真。因此瞬变电磁救援井远距离探测的信号模型无法用于跟踪阶段的高精度探测，不能准确识别事故井与救援井的相对姿态。针对这个问题，下面介绍一种基于对称瞬变电磁接收阵列的救援井相对姿态的识别方法。利用对称多线圈接收阵列结构，根据瞬变电磁阵列的对称特性，分析探测范围内事故井套管的响应，以识别两口井之间的相对姿态，从而有效提高救援井近距离探测性能。

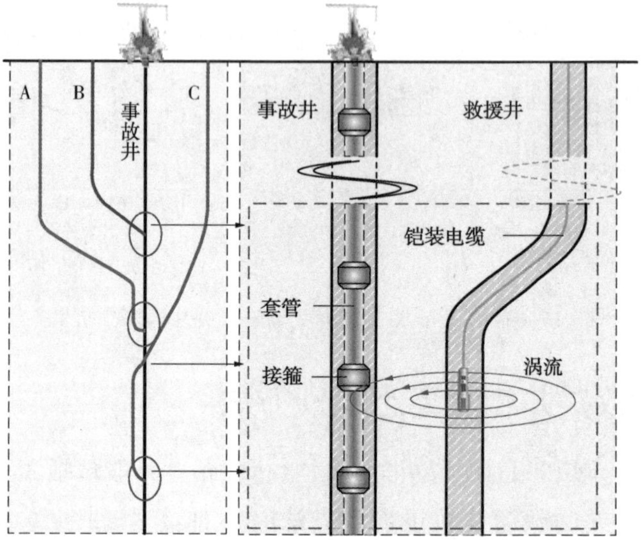

图 2-17　3 种典型的救援井轨迹设计方案

救援井相对姿态的识别方法采用的对称瞬变电磁阵列系统如图 2-18 所示。瞬变电磁阵列由一个发射线圈和一个接收阵列组成，其中接收阵列为 $2N+1$ 个阵元的均匀线阵，阵元间距为 Δz，纵向位置分别位于 z_1，z_2，…，z_{2N+1}。发射线圈与接收阵列的中心阵元共置，同样位于 z_{N+1}，整个瞬变电磁阵列以发射线圈为中心，呈上下对称结构。信号模型其余各层结构类似于图 2-11 的救援井远探测信号模型，但是由于事故井距离救援井较近，事故井套管不再被视为点目标，此时各阵元与其对应的事故井套管段的距离不再相同。

根据式(2-35)，$2N+1$ 个阵元组成的瞬变电磁接收阵列的感应电动势矩阵可表示为：

$$\mathbf{u}(t,\ \mathbf{d},\ \mathbf{x}_\mathrm{d})=[U(t,\ d_1,\ x_{\mathrm{d},1})\quad U(t,\ d_2,\ x_{\mathrm{d},2})\quad \cdots\quad U(t,\ d_{2N+1},\ x_{\mathrm{d},2N+1})]^\mathrm{T}_{(2N+1)\times 1} \tag{2-36}$$

式中，$U(t,\ d_n,\ x_{\mathrm{d},n})$为第 n 个阵元的感应电动势；$x_{\mathrm{d},n}$为第 n 个接收阵元距离事故井套管的距离；$\mathbf{x}_\mathrm{d}=[x_{\mathrm{d},1},\ x_{\mathrm{d},2},\ \cdots,\ x_{\mathrm{d},2N+1}]^\mathrm{T}$。考虑到钻井过程中井眼曲率的局限性，事故井在短距离内不可能有 2 个拐点。

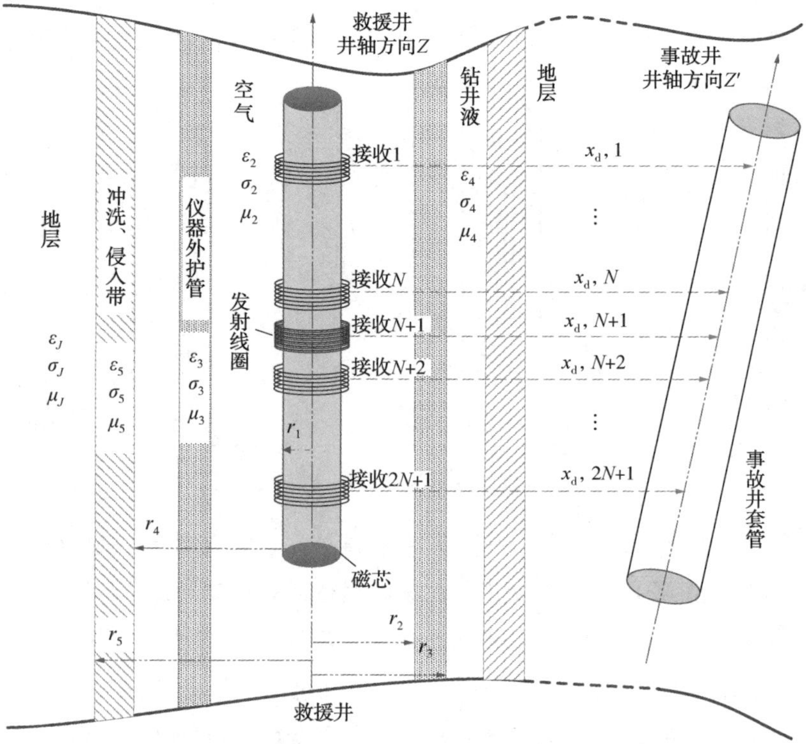

图 2-18　基于瞬变电磁接收阵列的近距离探测信号模型

接下来以救援井和事故井的 3 种典型相对姿态为例，如图 2-19 所示，分析不同姿态下瞬变电磁接收阵列的响应特征。图 2-19 中，第 1 种姿态为完全平行姿态(简称为 1 号姿态)，第 2 种姿态为部分平行姿态(简称为 2 号姿态)，第 3 种姿态为完全不平行姿态(简称为 3 号姿态)。此外，不平行井段的姿态可分为逐渐靠近和逐渐远离 2 种姿态，二者是互斥的，即当不平行时，不平行井段不是逐渐靠近的姿态就是逐渐远离的姿态。因此图 2-19 中的 2 号和 3 号相对姿态分别展示了不平行井段逐渐远离和逐渐靠近的情况。

对于瞬变电磁接收阵列，最简单直接的方法是先分别利用每个接收阵元的响应单独反演其所测量的事故井套管段相对该阵元的距离，然后综合各阵元探测的相对距离来判断事故井和救援井的相对姿态。但是反演的结果与事故井套管角度以及地层介质的先验信息关系很大，会存在一定的误差，在近距离探测时这种误差会给相对姿态识别带来很大的影响。针对这个问题，可以采用中间发射对称接收阵列的结构，利用瞬变电磁阵列响应与收发距离的关系，从而在不需要事故井套管以及地层介质的先验信息的条件下识别事故井套管相对救援井的相对姿态。

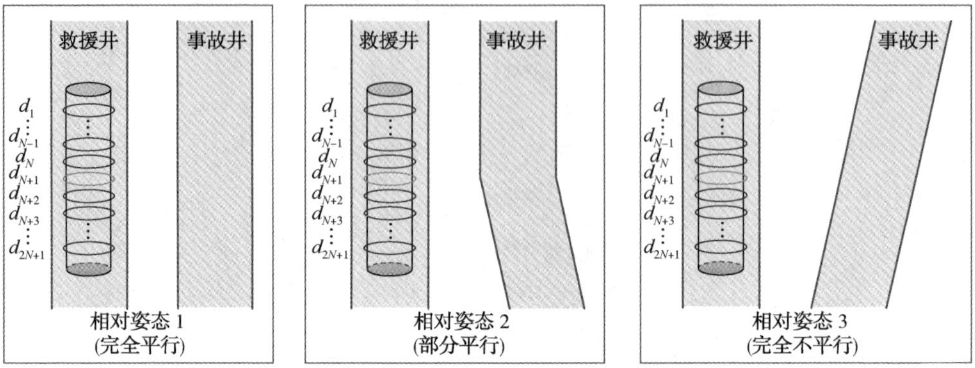

图 2-19　救援井和事故井的 3 种相对姿态

相对姿态识别有两个方面：一是要判断事故井套管与救援井是否平行；二是在不平行时判断救援井相对事故井是在逐渐靠近还是逐渐远离。假设地层中除事故井的金属套管外没有其他异常体，且金属套管的电导率恒定。先利用 2. 2. 1 节的收发距离拟合加权方法判断事故井与救援井是否平行。2. 2. 1 节中介绍的基于 LCMV 准则的收发距离拟合加权方法，在假设探测段的探测目标参数相同时，能够使加权输出的结果形态与收发距离为 0 处的接收阵元的响应相同。则若瞬变电磁救援井探测的一个周期内，各阵元与事故井的距离相同，即救援井与事故井互相平行时，基于上述方法的加权输出的结果形态应与收发距离为 0 处的接收阵元的响应相同。反过来，可以通过判断加权输出的结果形态是否与收发距离为 0 处的接收阵元的响应相同，来识别事故井是否与救援井平行。若事故井与救援井不平行，可以通过瞬变电磁接收阵列的对称性来判断二者是在逐渐靠近还是逐渐远离。由于式(2-10)中的收发距离 d 包含在余弦函数中，如果在对称位置处事故井与救援井的距离相等，那么两个阵元的响应应该相同。事故井与救援井的距离越近，瞬变电磁响应信号越强。因此可以利用对称阵列的特性，通过逐个分析 $2N+1$ 个对称接收阵元的响应确定事故井中套管相对于救援井的姿态。具体的过程如下。

1）根据 2. 2. 1 节介绍的基于 LCMV 准则的收发距离拟合加权方法对多个周期的感应电动势向量求取加权矢量，具体的计算方法表示如下：

$$\begin{aligned} \min_{\mathbf{w}} \quad & \mathbf{w}^{\mathrm{T}}\mathbf{R}_{\mathrm{U}}\mathbf{w} \\ \text{s.t.} \quad & \mathbf{w}^{\mathrm{T}}\mathbf{X}(\mathbf{d})=\mathbf{v}^{\mathrm{T}}(0) \end{aligned} \tag{2-37}$$

式中，$\mathbf{R}_{\mathrm{U}}$ 为接收阵列的感应电动势矢量 $\mathbf{u}(t,\ \mathbf{d},\ \mathbf{x}_{\mathrm{d}})$ 的自相关矩阵。

对每个周期的感应电动势进行加权，并设定阈值为 δ，判断是否存在：

$$\sqrt{\frac{1}{L}\sum_{l=1}^{L}\left[U(l,\ d_{N+1},\ x_{\mathrm{d},\ N+1})-\mathbf{w}^{\mathrm{T}}\mathbf{u}(l,\ \mathbf{d},\ \mathbf{x}_{\mathrm{d}})\right]^{2}} \leqslant \delta \tag{2-38}$$

式中，L 为总周期数；$U(l,\ d_{N+1},\ x_{\mathrm{d},n})$ 和 $\mathbf{u}(l,\ \mathbf{d},\ \mathbf{x}_{\mathrm{d}})$ 分别为 $U(t,\ d_{N+1},\ x_{\mathrm{d},n})$ 和 $\mathbf{u}(t,\ \mathbf{d},\ \mathbf{x}_{\mathrm{d}})$ 在第 l 个周期的采样值；d_{N+1} 为第 $N+1$ 个阵元的收发距离；δ 为阈值，其取值需要综合考虑井下探测系统参数、探测环境以及预期识别的精度。

式(2-38)表明从 z_1 到 z_{2N+1} 的 $2N+1$ 个接收阵元的加权阵列输出几乎与收发距离为 0 的接收阵元的响应相同，这意味着每个阵元与事故井套管的距离相同，即事故井与救援井平行。否则，证明救援井与探测区域内的事故井不平行。

2）确定事故井是否部分平行于救援井。将接收阵列以中心接收阵元为中点分为两个部分，其中，下部分由第 0 到第 $N+1$ 个阵元组成，上部分由第 $N+1$ 到第 $2N+1$ 个阵元组成，上半部分的感应电动势矢量可表示为：

$$\begin{aligned} \mathbf{u}_{\mathrm{up}}(t,\ \mathbf{d},\ \mathbf{x}_{\mathrm{d}})=[&U(t,\ d_{N+1},\ x_{\mathrm{d},N+1})\quad U(t,\ d_{N+2},\ x_{\mathrm{d},N+2})\quad \cdots \\ &U(t,\ d_{2N+1},\ x_{\mathrm{d},2N+1})]^{\mathrm{T}}_{(N+1)\times 1} \end{aligned} \tag{2-39}$$

下半部分的感应电动势矢量可表示为：

$$\begin{aligned} \mathbf{u}_{\mathrm{down}}(t,\ \mathbf{d},\ \mathbf{x}_{\mathrm{d}})=[&U(t,\ d_{1},\ x_{\mathrm{d},1})\quad U(t,\ d_{2},\ x_{\mathrm{d},2})\quad \cdots \\ &U(t,\ d_{N+1},\ x_{\mathrm{d},N+1})]^{\mathrm{T}}_{(N+1)\times 1} \end{aligned} \tag{2-40}$$

如图 2-19 中的 2 号姿态所示，可以将式(2-39)和式(2-40)分别代入式(2-38)判断是否存在部分平行的情况。此外，还可以依次缩减阵元的数量进一步判断是否存在部分平行的情况。

3）如果救援井与探测区域内的事故井不完全平行，可以通过对比对称位置阵元的响应信号，判断两井不平行段是在逐渐靠近还是逐渐远离。当事故井套管距离阵元更近时，阵元周围介质的等效电阻率更低，阵元上响应的信号更强。通过多个周期的多个对称阵元的采样，将阵列的响应累积为 E，可以提高瞬变电磁系统相对姿态识别的精度，其中 E 定义如下：

$$E=\sum_{l=1}^{L}\sum_{n=1}^{N}[U(l,\ d_n,\ x_{d,\ n})-U(l,\ d_{2N+2-n},\ x_{d,\ 2N+2-n})] \tag{2-41}$$

式中，L 为积累的周期数；$U(l,\ d_n,\ x_{d,n})$ 和 $U(l,\ d_{2N+2-n},\ x_{d,2N+2-n})$ 为第 l 个周期对称位置接收阵元的感应电动势。具体相对姿态识别流程如图 2-20 所示。

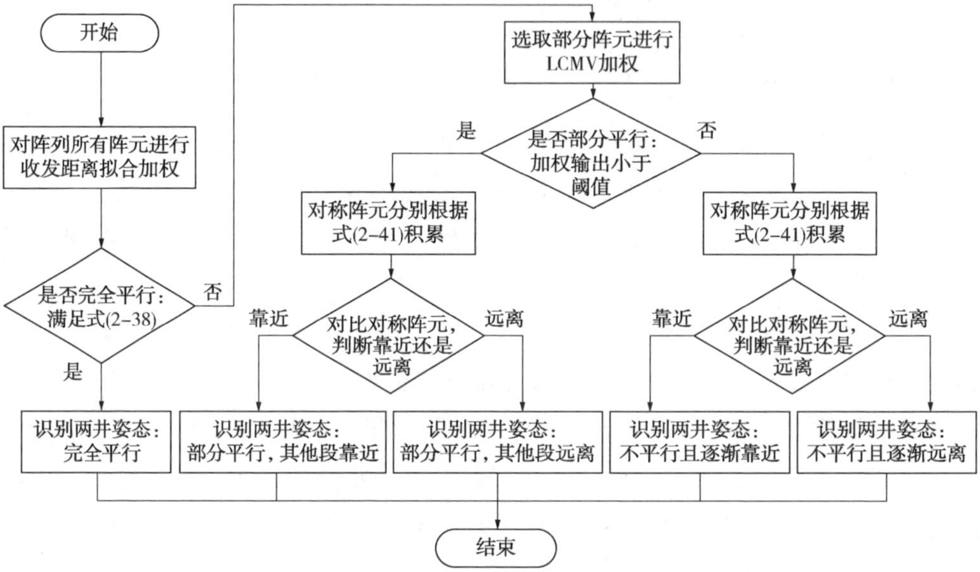

图 2-20　救援井与事故井的相对姿态识别流程

2.3.3　在实际应用中的效果与启示

下文采用标准的 5½in 金属套管模拟事故井，从而验证基于对称瞬变电磁接收阵列的救援井相对姿态的识别方法在实际应用中的有效性。事故井和救援井之间的距离用发射线圈法线方向的距离代表，两口井的相对距离为 3m。两口井的相对姿态如图 2-19 所示，其中非平行段套管和救援井的倾角为 15°。实验和接收阵列的参数如表 2-2 所示。

表 2-2　瞬变电磁接收阵列救援井实验参数

参数	符号	值
发射线圈外径	r_2	65mm
接收阵列长度	L_R	1300mm
发射线圈数量	M	1

续表

参数	符号	值
接收线圈数量	N	9
发射线圈匝数	N_T	80
接收线圈匝数	N_R	300
发射线圈线径	e_T	0. 46mm
接收线圈线径	e_R	0. 18mm

9 阵元的瞬变电磁接收阵列中，第 5 个阵元与发射线圈共置，收发距离为 0，另外 8 个阵元以第 5 个阵元为中心上下对称，收发距离两两相等。图 2-21 显示了在图 2-19 中的 3 种姿态下不同时刻的瞬变电磁阵列的感应电动势，其中图 2-21(a)的采样时刻为关断后 30ms，图 2-21(b)的采样时刻为关断后 50ms。

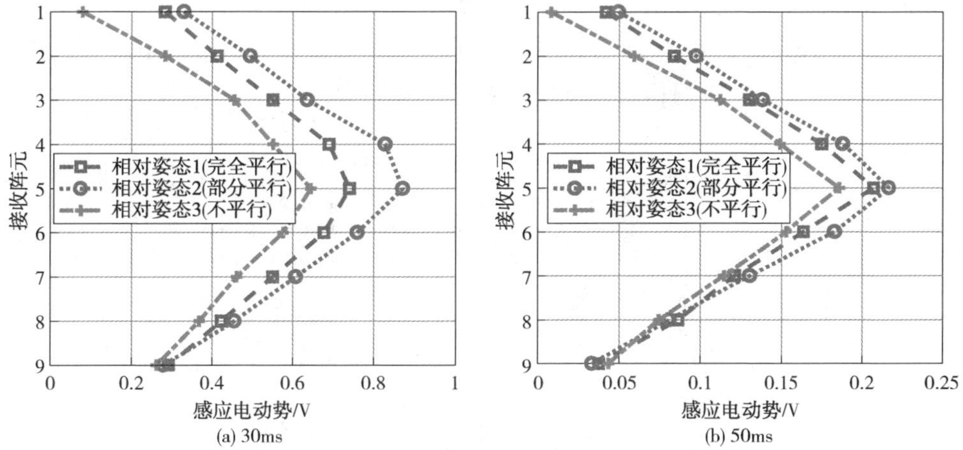

图 2-21 不同采样时刻下瞬变电磁接收阵列的感应电动势

对于不同姿态，一方面，可以通过对部分接收阵元的感应电动势进行加权，利用加权信号与中心阵元响应信号的差值判断是否存在部分平行的情况，以及平行段对应的阵元位置；另一方面，可以通过分析对称阵元的感应电动势信号来识别两井是在逐渐靠近还是逐渐远离。从图 2-21 中可以看出，当采样时刻为 30ms(早期)和 50ms(晚期)时，对于图 2-19 中的 1 号姿态，瞬变电磁接收阵列信号显示出典型的对称特征，而 2 号姿态和 3 号姿态中对称接收阵元的感应信号则不相同。通过本书中介绍的基于对称瞬变电磁接收阵列的救援井相关姿态识别方法分析接收阵列的信号特征，可以得出：1 号姿态下阵列的感应电动势加权后满足式(2-38)，两井互相平行；2 号姿态下阵列的上半部分满足式(2-38)，下半部分阵列的响应累积小于上半部分，两井上半段相互平行，下半段逐渐远离；3 号姿态下阵列的加权输出不满足式(2-38)，下半部分阵列的响应累积大于上半部分，两井完全不平行且逐渐靠近。

为了进一步对比对称阵元的响应信号，以图 2-19 中的 3 号姿态为例，图 2-22 给出了不同采样时刻下，两组对称阵元的响应曲线。从图 2-22 中可以看出，对称阵列中下半部分阵元(接收阵元 6 和接收阵元 9)的信号大于上半部分阵元(接收阵元 1 和接收阵元 4)，这表明事故井下半部分的套管更接近救援井。值得注意的是，第 1 个阵元和第 9 个阵元的差异明显大于第 4 个阵元和第 6 个阵元的差异，这是由于其对应的事故井套管距离的差异不同。因此，对称接收阵元的距离越小，考虑噪声和检测误差的影响，其对于倾斜方向(靠近或远离)的分辨率越差。

本书介绍的阵列信号处理方法只能对事故井和救援井的相对姿态进行定性分析，如何精确计算二者的相对角度仍需要进一步研究。

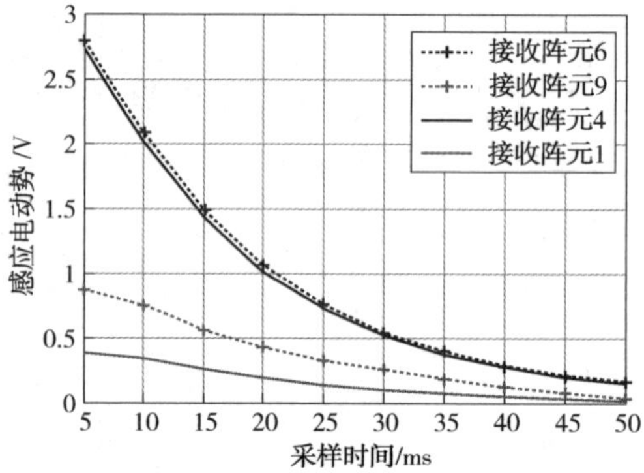

图 2-22　不同采样时刻下对称阵元的感应电动势对比

第3章　井下电磁发射阵列聚焦探测技术

3.1　电磁发射阵列的结构与原理

3.1.1　发射阵列的结构特点解析

前文介绍了接收阵列的结构和加权方法。接收阵列在电磁探测过程中犹如敏锐的“触角”，通过合理的结构搭建以及巧妙的加权处理，能够从复杂的电磁环境中精准捕捉并优化来自地下地质体的反馈信号，为后续准确分析地质情况筑牢基础。然而，在整个电磁探测系统里，发射阵列同样有着至关重要的作用，它与接收阵列相互配合、缺一不可，共同助力探测任务顺利完成。发射阵列有着自身鲜明且独特的结构特点，值得深入探究。

对于整体的布局形式，发射阵列具有多种不同的呈现方式，每种都契合特定的探测需求。如圆形发射阵列，其多个发射单元围绕中心呈圆周状有序排列，如此布局使得发射的电磁信号能够在水平层面朝四周均匀地扩散开，如同在井下营造了一个全方位辐射电磁能量的能量场，可以对周边区域实现无死角的覆盖探测，保证各个角度的地质体都能接收到电磁信号，进而反馈相应信息。再看线性发射阵列，它将发射单元沿纵向依次排列，这种结构能把电磁能量聚焦于一个深度进行发射，当在井眼内进行探测时，线性发射阵列就能发挥其发射优势，将电磁信号精准地送往目标深度，避免能量分散到无关区域，从而增强信号作用于目标地质体的效果。

发射单元作为发射阵列的基础构成要素，有着影响整个阵列性能的诸多关键特性。每个发射单元都具有可调节的发射功率范围，如同为电磁信号强度设置了一个灵活的调节器，可以依据实际探测时不同深度、不同电阻率的地质体情况进行相应调整。对于探测较浅且容易被发现的地质异常体，适当调低功率即可满足需求；但对于深埋地下、信号反馈相对微弱的目标，调高发射功率就能强化信号的穿透能力，让电磁信号可以深入地层并带回有效的探测信息。同时，发射单元的工作频率也不容忽视，不同频率的电磁信号在井下介质中的传播特性差异明显。高频信号如同精细的“绣花针”，在近距离范围能展现很高的分辨率，有助于清晰分辨小型地质构造间那些细微的差别，不过其随着传播距离的增加，衰减速度较快；与之相反，低频信号就像“广角镜头”，虽然分辨率稍低一些，但能够传播更远的距离，更适合对大范围区域进行初步扫描，快速锁定可能存在地质异常的大致范围。

此外，发射阵列中各发射单元之间的间距设置也需要经过精密考量。合理的间距是保障各发射单元发出的电磁信号在传播过程中实现理想叠加与协同效果的关键，能使信号在目标区域汇聚增强，若间距不合理，会使信号之间相互干扰严重，或无法有效叠加，最终导致对探测的准确性和深度的不良影响。

不仅如此，发射阵列相较于接收阵列，通常需要配备多个发射电路。由于每个发射单元都需要独立的发射电路来驱动，以保证能够按照设定的参数准确地发射电磁信号，使发射阵列在硬件方面的复杂度明显提高。多个发射电路意味着更多的电子元器件、更复杂的布线以及更严格的电路调试要求。在井下这样空间有限且环境相对恶劣的条件下，要保障这些发射电路稳定可靠地运行并非易事，需要充分考虑散热、抗干扰以及小型化等诸多问题。例如，在狭小的井下空间中，众多发射电路的合理布局需要精心规划，避免因过于拥挤影响散热效果，进而引发电路故障；同时还要采取有效的抗干扰措施，防止井下其他机电设备产生的电磁噪声对发射电路造成干扰，影响发射信号的质量。

总之，发射阵列凭借其独特的结构特点，尽管硬件复杂度较高，但与接收阵列协同配合，在电磁探测工作中发挥着不可替代的关键作用，为深入了解井下地质情况提供了有力支撑，其诸多特性也值得深入研究与优化，从而更好地服务各类井下探测实践。

3.1.2　发射阵列信号模型构建及深度分析

瞬变电磁发射阵列井下探测系统模型如图 3-1 所示，该系统由一个包含 M 个发射阵元的均匀线性发射阵列和一个接收线圈组成。各发射阵元的线圈匝数为 N_T，第 m 个发射阵元的位置为 $z_{\mathrm{T},m}$，阵元间距为 $\Delta z=z_{\mathrm{T},m}-z_{\mathrm{T},m-1}$。接收线圈位于发射阵列的中心位置，其线圈匝数为 N_R，其他参数与图 2-1 中的参数相同。

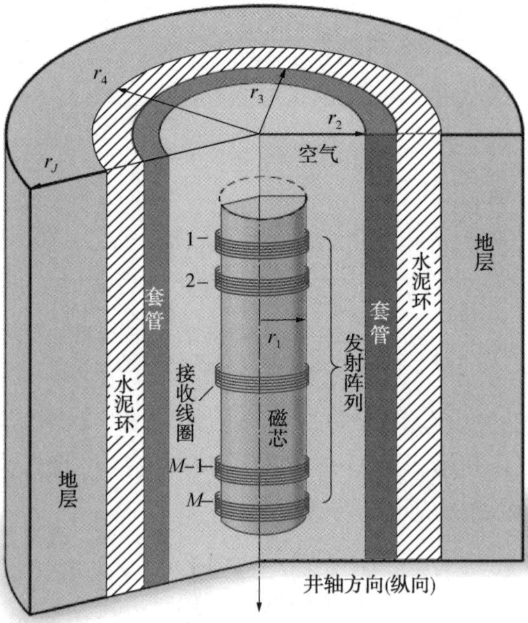

图 3-1　瞬变电磁发射阵列井下探测系统模型

虽然针对不同的井下探测应用场景，瞬变电磁信号模型需要进行适用性的修改，但是对于不同的信号模型，都存在收发距离对感应信号的影响，本书后续介绍的基于收发距离的瞬变电磁阵列井下探测方法适用于所有井下探测应用。在后续的章节中，本书只以瞬变电磁井下套管损伤检测系统为例，采用不同结构的金属套管进行模拟实验从而验证所介绍方法的有效性，不再针对其他应用介绍具体的模型适配和实验效果。假设每个发射阵元均采用斜阶跃信号作为脉冲(瞬态)激励，如图 3-2 所示。

则第 m 个发射阵元在频域中的发射波形可表示为：

$$I_m(\omega)=I_m\frac{e^{-i\omega t_{off}}-1}{t_{off}(i\omega)^2} \tag{3-1}$$

式中，t_{off}为关断时间；I_m 为第 m 个发射阵元的发射电流的最大幅值。

根据 2.1.2 节的感应电动势频域模型，第 m 个发射阵元单独发射时，接收线圈在频域中的感应电动势可表示为：

$$U(I_m,\ \omega,\ d_m,\ x)=\zeta I_m(\omega)\int_0^{r_1}\int_0^{\infty}f(\omega,\ x,\ r,\ \lambda)\cos(\lambda d_m)\mathrm{d}\lambda\mathrm{d}r \tag{3-2}$$

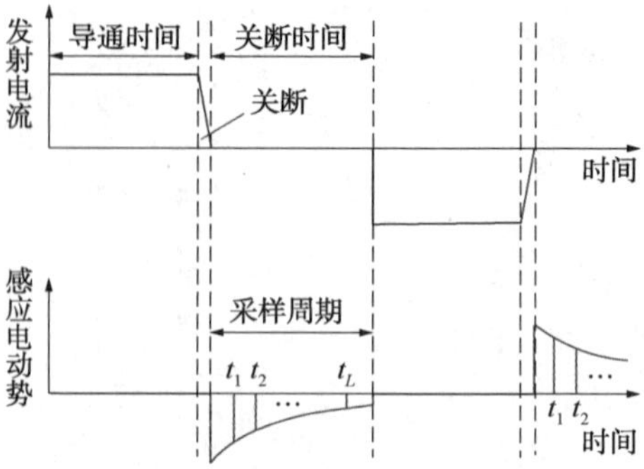

图 3-2　瞬变电磁发射斜阶跃信号示意图

式中，$\zeta=-i\omega\mu_1 r_1 N_T N_R/\pi$；$d_m$ 为第 m 个发射阵元到接收线圈的距离。

类似于式(2-10)，利用 S 阶 G-S 逆拉普拉斯变换可将式(3-2)从频域转换至时域，从而得到时域的感应电动势为：

$$U(I_m,\ t,\ d_m,\ x)=I_m\zeta\sum_{s=1}^{S}E_s\frac{\mathrm{e}^{-t_{\mathrm{off}}s\ln2/t}-1}{t_{\mathrm{off}}(s\ln2/t)^2}\int_0^{r_1}\int_0^{\infty}f(s\ln2/it,\ x,\ r,\ \lambda)\cdot\cos(\lambda d_m)\,\mathrm{d}\lambda\,\mathrm{d}r \tag{3-3}$$

式中，$\zeta=\xi N_T N_R$。

当瞬变电磁发射阵列的多个阵元一起发射时，接收线圈的响应可以认为是每个发射阵元单独发射时接收线圈响应的叠加。则 M 个发射阵元发射时，接收线圈的感应电动势可以写为：

$$U(\mathbf{i},\ t,\ \mathbf{d},\ x)=\sum_{m=1}^{M}U(I_m,\ t,\ d_m,\ x) \tag{3-4}$$

式中，$\mathbf{i}=[I_1,\ I_2,\ \cdots,\ I_M]^{\mathrm{T}}$；$\mathbf{d}=[d_1,\ d_2,\ \cdots,\ d_M]^{\mathrm{T}}$。

将 M 个发射阵元的电流幅值单独提取出来，式(3-4)可改写为：

$$U(\mathbf{i},\ t,\ \mathbf{d},\ x)=\mathbf{i}^{\mathrm{T}}\mathbf{b}(t,\ \mathbf{d},\ x) \tag{3-5}$$

$$\mathbf{b}(t,\ \mathbf{d},\ x)=[\,b_1(t,\ d_1,\ x)\quad b_2(t,\ d_2,\ x)\quad\cdots\quad b_M(t,\ d_M,\ x)\,]^{\mathrm{T}}_{M\times1} \tag{3-6}$$

$$b_m(t,\ d_m,\ h)=\zeta\sum_{s=1}^{S}E_s\frac{\mathrm{e}^{-t_{\mathrm{off}}s\ln2/t}-1}{t_{\mathrm{off}}(s\ln2/t)^2}\int_0^{r_1}\int_0^{\infty}f(s\ln2/it,\ x,\ r,\ \lambda)\cos(\lambda d_m)\,\mathrm{d}\lambda\,\mathrm{d}r \tag{3-7}$$

通过对比式(2-3)和式(3-5)可以发现，每个发射阵元的电流幅值相当于发射阵列天然的加权系数。当各发射阵元的发射电流不同时，相当于对发射阵列进行加权，从而改变接收线圈的响应信号；当各个阵元的发射电流相同时，即发射阵列不加权，此时发射阵列等同于一个大的发射线圈。具体的瞬变电磁发射阵列加权示意图如图 3-3 所示。

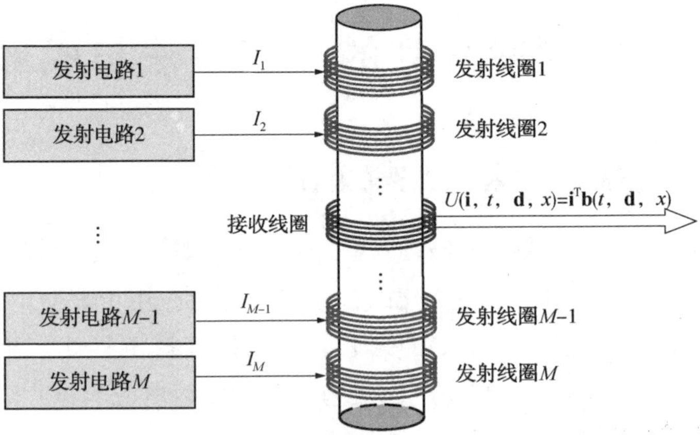

图 3-3 瞬变电磁发射阵列加权示意图

第 2 章分析了收发距离对接收信号的影响，当采用瞬变电磁发射阵列时，各发射阵元与接收线圈的收发距离也各不相同，因此各发射阵元单独发射时接收线圈的感应电动势之间也存在相移和变形。这时，对于不加权的发射阵列，接收线圈的响应为各发射阵元单独作用时的简单叠加，同样存在感应电动势的拓宽和变形。类似于第 2 章介绍的接收阵列信号加权处理的方法，可以通过调整各发射阵元的发射电流幅值对发射阵列进行加权。

但在加权之前，同样需要将发射阵列各发射阵元的阵元间距 d_m 与探测目标参数 x 解耦为相互独立的两个部分。将信号解耦模型推广至瞬变电磁发射阵列井下探测系统，可把式(3-7)近似改写为矩阵形式：

$$b_m(t, d_m, x) = \chi \mathbf{v}^{\mathrm{T}}(d_m)\mathbf{k}(t, x) \tag{3-8}$$

其中，$\mathbf{v}(d_m)$ 与式(2-19)相同：

$$\mathbf{k}(t, x) = [k_1(t, x) \quad k_2(t, x) \quad \cdots \quad k_P(t, x)]^{\mathrm{T}} \in C^{P\times 1} \tag{3-9}$$

$$k_p(t, x) = A_p \sum_{s=1}^{S} E_s \frac{\mathrm{e}^{-t_{\mathrm{off}} s\ln 2/t} - 1}{t_{\mathrm{off}}(s\ln 2/t)^2} \int_0^{r_1} f\left(\frac{s\ln 2}{it}, x, r, \lambda_0 \frac{B_p + 1}{2}\right) \mathrm{d}r \tag{3-10}$$

对比式(3-10)和式(2-16)可以发现，$k_p(t, x)$ 和 $g_p(t, x)$ 很相似，只是 $g_p(t, x)$ 中发射电流的幅值被提取出来作为加权系数。将式(3-8)代入式(3-5)可以得到解耦后接收线圈的接收感应电动势，表示为：

$$U(\mathbf{i},\ t,\ \mathbf{d},\ x)=\chi\mathbf{i}^{\mathrm{T}}\mathbf{X}(\mathbf{d})\mathbf{k}(t,\ x) \tag{3-11}$$

式中，$\mathbf{X}(\mathbf{d})$同式(2-24)，是由$\mathbf{v}(d_m)$组成的矩阵，维数为$M\times P$。

3.2 电磁发射阵列的加权方法与成效

3.2.1 信噪比最大的加权方法

如3.1节所述，可以通过调整各发射阵元的电流幅值来改变接收线圈的感应电动势。在第2章的介绍中，将优化的接收加权向量应用于瞬变电磁接收阵列，可以消除收发距离对感应电动势的影响，从而提高探测性能。相应地，对比式(3-11)和式(2-26)可知，瞬变电磁发射阵列的发射电流与接收阵列的加权系数作用相同，可以调整多个发射阵元的发射电流，对发射阵列加权，以提高瞬变电磁发射阵列的探测性能。基于上述理论，本小节将介绍用于瞬变电磁发射阵列井下探测系统的基于信噪比最大准则的加权方法。

考虑接收线圈中的系统噪声实质上是受到各发射阵元发射电流的影响，本节使用$\mathbf{i}^{\mathrm{T}}\mathbf{n}(t)$项来表示加权系统噪声，为不失一般性，假设发射电流$\mathbf{i}$为归一化向量。则式(3-11)可重写为：

$$U(\mathbf{i},\ t,\ \mathbf{d},\ x)=\chi\mathbf{i}^{\mathrm{T}}\mathbf{X}(\mathbf{d})\mathbf{k}^{\mathrm{T}}(t,\ x)+\mathbf{i}^{\mathrm{T}}\mathbf{n}(t) \tag{3-12}$$

类似于第2章介绍的瞬变电磁接收阵列收发距离拟合加权方法，发射阵列也可以采用发射加权方法改变接收线圈的感应电动势，且各发射阵元的发射电流就是其天然的加权系数。根据上述信号模型，瞬变电磁发射阵列响应信号的信噪比可表示为：

$$\mathrm{SNR}=\frac{\mathbf{i}^{\mathrm{T}}\mathbf{R}_{\mathrm{b}}\mathbf{i}}{\mathbf{i}^{\mathrm{T}}\mathbf{R}_{\mathrm{n}}\mathbf{i}} \tag{3-13}$$

$$\mathbf{R}_{\mathrm{b}}=\chi^{2}\mathbf{X}(\mathbf{d})E\{\mathbf{k}(t,\ x)\mathbf{k}^{\mathrm{T}}(t,\ x)\}\mathbf{X}^{\mathrm{T}}(\mathbf{d}) \tag{3-14}$$

式中，$\mathbf{R}_{\mathrm{b}}$和$\mathbf{R}_{\mathrm{n}}$分别为信号$\mathbf{b}(t,\ \mathbf{d},\ x)$和噪声$\mathbf{n}(t)$的自相关矩阵。

假设噪声$\mathbf{n}(t)$为服从高斯分布的白噪声，其自相关矩阵可以分解为$\mathbf{R}_{\mathrm{n}}=\boldsymbol{\Gamma}^{\mathrm{T}}\boldsymbol{\Gamma}$，其中$\boldsymbol{\Gamma}$是可逆的，那么式(3-13)可近似改写为：

$$\mathrm{SNR}=\chi^{2}\frac{(\boldsymbol{\Gamma}\mathbf{i})^{\mathrm{T}}\boldsymbol{\Gamma}^{-\mathrm{T}}\mathbf{X}(\mathbf{d})\mathbf{k}(t,\ x)\mathbf{k}^{\mathrm{T}}(t,\ x)\mathbf{X}^{\mathrm{T}}(\mathbf{d})\boldsymbol{\Gamma}^{-1}(\boldsymbol{\Gamma}\mathbf{i})}{\mathbf{i}^{\mathrm{T}}\boldsymbol{\Gamma}^{\mathrm{T}}\boldsymbol{\Gamma}\mathbf{i}} \tag{3-15}$$

根据 Schwartz 不等式 $|\mathbf{ca}^{\mathrm{T}}|^2 \leqslant \mathbf{cc}^{\mathrm{T}} \cdot \mathbf{aa}^{\mathrm{T}}$ 可得 $\mathbf{ca}^{\mathrm{T}}\mathbf{ca}^{\mathrm{T}} \leqslant \mathbf{cc}^{\mathrm{T}}\mathbf{aa}^{\mathrm{T}}$。令 $(\boldsymbol{\Gamma}\mathbf{i})^{\mathrm{T}}=\mathbf{c}$ 和 $\boldsymbol{\Gamma}^{-\mathrm{T}}\mathbf{X}(\mathbf{d})\mathbf{k}(t,\ x)=\mathbf{a}^{\mathrm{T}}$，Schwartz 不等式可改写为：

$$(\boldsymbol{\Gamma}\mathbf{i})^{\mathrm{T}}\boldsymbol{\Gamma}^{-\mathrm{T}}\mathbf{X}(\mathbf{d})\mathbf{k}(t,\ x)\mathbf{k}^{\mathrm{T}}(t,\ x)\mathbf{X}^{\mathrm{T}}(\mathbf{d})\boldsymbol{\Gamma}^{-1}(\boldsymbol{\Gamma}\mathbf{i}) \leqslant$$
$$(\boldsymbol{\Gamma}\mathbf{i})^{\mathrm{T}}(\boldsymbol{\Gamma}\mathbf{i})[\mathbf{k}^{\mathrm{T}}(t,\ x)\mathbf{X}^{\mathrm{T}}(\mathbf{d})\boldsymbol{\Gamma}^{-1}][\mathbf{k}^{\mathrm{T}}(t,\ x)\mathbf{X}^{\mathrm{T}}(\mathbf{d})\boldsymbol{\Gamma}^{-1}]^{\mathrm{T}} \tag{3-16}$$

将式(3-16)和式(3-15)联立，可得：

$$\mathrm{SNR} \leqslant [\mathbf{k}^{\mathrm{T}}(t,\ x)\mathbf{X}^{\mathrm{T}}(\mathbf{d})\boldsymbol{\Gamma}^{-1}][\mathbf{k}^{\mathrm{T}}(t,\ x)\mathbf{X}^{\mathrm{T}}(\mathbf{d})\boldsymbol{\Gamma}^{-1}]^{\mathrm{T}} \tag{3-17}$$

对于 Schwartz 不等式，当 $\mathbf{c}$ 和 $\mathbf{a}$ 的阶数相同且 $\mathbf{c}=\alpha\mathbf{a}$ 时，$|\mathbf{ca}^{\mathrm{T}}|^2=\mathbf{cc}^{\mathrm{T}} \cdot \mathbf{aa}^{\mathrm{T}}$，其中 α 为一个实数。可知当：

$$\boldsymbol{\Gamma}\mathbf{i}=\alpha(\boldsymbol{\Gamma}^{-1})^{\mathrm{T}}\mathbf{X}(\mathbf{d})\mathbf{k}^{\mathrm{T}}(t,\ x) \tag{3-18}$$

接收信号的信噪比可以达到最大值，为 $[\mathbf{k}^{\mathrm{T}}(t,\ x)\mathbf{X}^{\mathrm{T}}(\mathbf{d})\boldsymbol{\Gamma}^{-1}][\mathbf{k}^{\mathrm{T}}(t,\ x)\mathbf{X}^{\mathrm{T}}(\mathbf{d})\boldsymbol{\Gamma}^{-1}]^{\mathrm{T}}$。对式(3-18)求解可得能够获取最大信噪比的发射权矢量为：

$$\mathbf{i}_{\mathrm{SNR}}=\alpha\mathbf{R}_{\mathrm{n}}^{-1}\mathbf{X}(\mathbf{d})\mathbf{k}^{\mathrm{T}}(t,\ x) \tag{3-19}$$

考虑到在本节信号模型中，接收阵元位于发射阵列中心，发射加权系数应该是上下对称的，即独立权重的数量实际应为$\lceil N/2 \rceil$，其中$\lceil \cdot \rceil$表示向上取整。通过将各发射阵元的发射电流调整为上述权系数即可实现整个发射阵列的响应所获取的信噪比最大。

3.2.2 加权方法性能的综合剖析

为了对比分析最大信噪比发射加权的性能，类似于第 2 章所介绍的加权方法，本节采用基于 LCMV 准则的收发距离拟合加权方法来研究发射电流加权系数。约束各发射阵元的响应通过发射加权拟合至收发距离为 0，并最小化接收线圈感应电动势的方差，发射电流加权系数可以通过以下优化问题解得：

$$\begin{aligned} &\min_{\mathbf{i}} \quad \mathbf{i}^{\mathrm{T}}\mathbf{R}_{\hat{\mathrm{u}}}\mathbf{i} \\ &\text{s.t.} \quad i^{\mathrm{T}}\mathbf{X}(\mathbf{d})=\mathbf{v}^{\mathrm{T}}(0) \end{aligned} \tag{3-20}$$

假设信号和噪声不相关，$\mathbf{R}_{\hat{\mathrm{u}}}$可求解为：

$$\mathbf{R}_{\hat{\mathrm{u}}}=E\{\hat{\mathbf{u}}(t,\ \mathbf{d},\ x)\hat{\mathbf{u}}^{\mathrm{T}}(t,\ \mathbf{d},\ x)\}=\mathbf{R}_{\mathrm{b}}+\mathbf{R}_{\mathrm{n}} \tag{3-21}$$

式中，$\hat{\mathbf{u}}(t,\ \mathbf{d},\ x)=\mathbf{b}(t,\ \mathbf{d},\ x)+\mathbf{n}(t)$。

使用拉格朗日乘子法，通过引入拉格朗日算子向量 $\boldsymbol{\beta} \in \mathrm{C}^{P\times 1}$ 来转换式(3-21)的优化问题，可以写为：

$$\Xi=\mathbf{i}^{\mathrm{T}}\mathbf{R}_{\hat{\mathrm{u}}}\mathbf{i}+\boldsymbol{\beta}^{\mathrm{T}}[\mathbf{X}^{\mathrm{T}}(\mathbf{d})\mathbf{i}-\mathbf{v}(0)] \tag{3-22}$$

其中，$\boldsymbol{\beta}$ 的每个元素均满足 $0<\beta_p<1$，则最优发射加权系数可求解为：

$$\mathbf{i}_{\mathrm{LCMV}}=\mathbf{R}_{\hat{n}}^{-1}\mathbf{X}(\mathbf{d})\left[\mathbf{X}(\mathbf{d})^{\mathrm{T}}\mathbf{R}_{\hat{n}}^{-1}\mathbf{X}(\mathbf{d})\right]^{-1}\mathbf{v}(0) \tag{3-23}$$

通过将各发射阵元的发射电流调整为上述权系数，即可实现将整个发射阵列的响应拟合至与收发距离为0的发射阵元单独发射的响应形式相同，从而消除发射阵列各阵元不同收发距离对接收信号的影响。

显然，式(3-23)和式(3-17)中两种发射加权方法解的形式不同，说明LCMV发射加权方法虽然可以消除各发射阵元因收发距离不同造成的影响，同时多个发射阵元的加权相对于单个发射线圈会存在一定的阵列增益，但并没有实现信噪比的最大化。为此，下面介绍一种改进的加权方法。因基于LCMV的收发距离拟合发射加权方法进行改进，在式(3-20)中约束条件的两侧都右乘 $\mathbf{k}(t,\ x)$，则基于LCMV的收发距离拟合发射加权方法的优化问题可改写为：

$$\begin{aligned}&\min_{\mathbf{i}}\quad \mathbf{i}^{\mathrm{T}}\mathbf{R}_{\hat{n}}\mathbf{i}\\&\text{s. t.}\quad \mathbf{i}^{\mathrm{T}}\mathbf{X}(\mathbf{d})\mathbf{k}(t,\ x)=\mathbf{v}^{\mathrm{T}}(0)\mathbf{k}(t,\ x)\end{aligned} \tag{3-24}$$

需要注意的是，虽然右乘的 $\mathbf{k}(t,\ x)$ 可能会改变解集，但是并不会改变发射阵列加权的基本目的，仍然可以约束加权后的响应，使其与收发距离为0的接收响应形式相同。同样利用拉格朗日乘子法，可求得式(3-24)的最优解表示如下：

$$\mathbf{i}_{\mathrm{LCMV\text{-}M}}=\gamma\mathbf{R}_{\hat{n}}^{-1}\mathbf{X}(\mathbf{d})\mathbf{k}(t,\ x) \tag{3-25}$$

式中，γ 为一个实数，$\gamma=\left[\mathbf{k}^{\mathrm{T}}(t,\ x)\mathbf{X}^{\mathrm{T}}(\mathbf{d})\mathbf{R}_{\hat{n}}^{-1}\mathbf{X}(\mathbf{d})\ \mathbf{k}(t,\ x)\right]^{-1}\mathbf{v}^{\mathrm{T}}(0)\mathbf{k}(t,\ x)$。

根据矩阵求逆引理，可知：

$$\mathbf{R}_{\hat{n}}^{-1}=\mathbf{R}_{n}^{-1}-\frac{\chi^{2}\mathbf{R}_{n}^{-1}\mathbf{X}(\mathbf{d})\mathbf{k}(t,\ x)\mathbf{k}^{\mathrm{T}}(t,\ x)\mathbf{X}^{\mathrm{T}}(\mathbf{d})\mathbf{R}_{n}^{-1}}{1+\chi^{2}\mathbf{X}^{\mathrm{T}}(\mathbf{d})\mathbf{R}_{n}^{-1}\mathbf{X}(\mathbf{d})} \tag{3-26}$$

则式(3-25)中的最优权可改写为：

$$\mathbf{i}_{\mathrm{LCMV\text{-}M}}=\eta'\mathbf{R}_{n}^{-1}\mathbf{X}(\mathbf{d})\mathbf{k}(t,\ x) \tag{3-27}$$

$$\eta'=\gamma\left[1-\frac{\chi^{2}\mathbf{k}^{\mathrm{T}}(t,\ x)\mathbf{X}^{\mathrm{T}}(\mathbf{d})\mathbf{R}_{n}^{-1}\mathbf{X}(\mathbf{d})\mathbf{k}(t,\ x)}{1+\chi^{2}\mathbf{X}^{\mathrm{T}}(\mathbf{d})\mathbf{R}_{n}^{-1}\mathbf{X}(\mathbf{d})}\right] \tag{3-28}$$

通过比较式(3-27)和式(3-19)可以发现，基于信噪比最大准则的发射阵列加权方法同改进的LCMV收发距离拟合发射加权方法的最优解形式相同，这意味着本书介绍的基于最大信噪比的发射阵列加权方法不仅可以获取最大化的加权输出信号信噪比，同时也能够消除各发射阵元收发距离不同对信号的影响。值得注意的是，在式(3-27)的权矢量中，虽然 $\mathbf{k}(t, x)$ 未知且无法获得，但可以通过仿真模拟或者从式(3-12)的接收信号中获取 $\mathbf{X}(\mathbf{d})\mathbf{k}(t, x)$，从而求解最优加权系数。因此，对 LCMV 收发距离拟合发射加权方法进行改进并不会影响其可行性。此外，在基于最大信噪比的发射阵列加权方法中，最优的权矢量与探测目标参数 x 相关，是瞬变电磁发射阵列井下探测系统的一种自适应权。

3.2.3　实验案例实证及效果研讨

下面通过现场实验来验证所介绍的瞬变电磁发射阵列井下探测系统及方法的有效性。以井下套管损伤检测的应用场景为例，实验中发射阵列和接收线圈的参数如表 3-1 所示，采用的系统结构和实验装置如图 3-4 所示，发射阵列由 9 个发射线圈组成，接收线圈位于发射阵列的中心，与第 5 个发射线圈位置重合。将瞬变电磁阵列从套管中缓慢穿过，从而验证所提系统和方法对套管的无损检测性能。套管采用厚度为 9.17mm 的标准 5½in 套管，并在套管上加工了 3 种不同程度的减薄损伤，其减薄的厚度分别为 1.5mm、1.7mm 和 2mm，对应的宽度分别为 100mm、100mm 和 125mm。

表 3-1　瞬变电磁发射阵列仿真实验参数

参数	符号	值
磁芯外径	r_1	12mm
发射阵元个数	M	9
发射阵元间距	Δz	30mm
接收线圈匝数	N_R	166
发射线圈匝数	N_T	62
发射线圈线径	e_T	0.18mm
接收线圈线径	e_R	0.24mm

利用如图 3-4 所示的阵列系统和实验装置，将包含 9 个发射阵元的阵列探头在套管中移动进行测量，对比 3 种典型发射方案的测量结果，分别如图 3-5 和图 3-6所示。其中，图 3-5 展示了在第 1 种发射方案下接收线圈的感应电动势。第 1 种发射方案依次采用 9 个发射阵元中的 1 个阵元单独进行发射，即对采用的 1 个发射阵元施加 1A 电流的同时关闭其他发射阵元(电流为 0A)。图 3-5 中各发射阵元单独发射时接收线圈的归一化感应电动势曲线分别被标记为发射 1 到发射

9。在第 2 种发射方案中，发射阵列的所有发射阵元在不加权的情况下同时发射，即各发射阵元的发射电流相同，其接收线圈的归一化感应电动势如图 3-6 所示，标记为不加权阵列。作为对比，在第 3 种方案中对发射阵列的所有发射阵元使用了本书 3.2 节所介绍的基于信噪比最大准则的发射阵列加权方法，对各发射阵元同时施加如式(3-19)所示的最优发射加权电流，接收线圈的归一化感应电动势如图 3-6 所示，标记为加权发射阵列。为不失一般性，所有发射方案中的发射电流矢量 **i** 均已归一化。

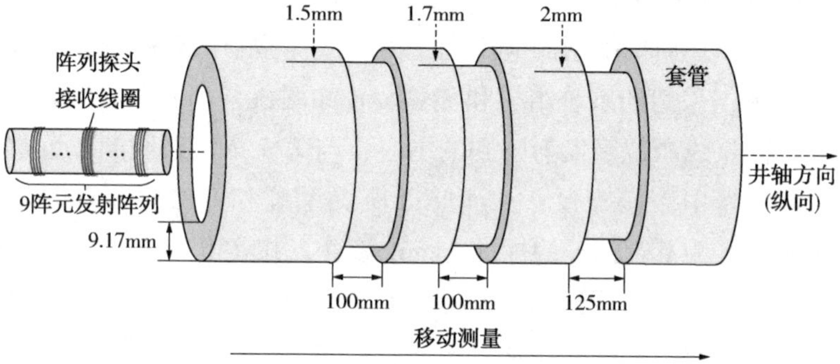

图 3-4　瞬变电磁发射阵列系统结构及实验装置示意图

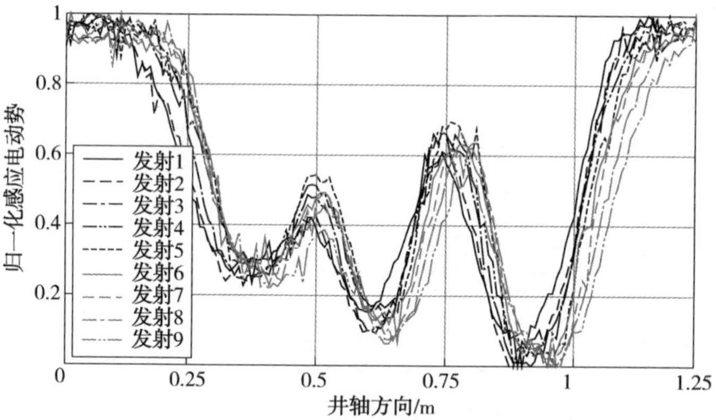

图 3-5　9 个发射阵元依次发射时接收线圈的归一化感应电动势

图 3-5 和图 3-6 对比了 3 种不同发射方案下接收线圈的归一化感应电动势曲线。其中感应电动势曲线的 3 个负波峰分别对应于图 3-4 中 3 个套管壁厚减薄的部分，每个负波峰的峰值和宽度也分别与套管损伤部位的减薄程度和宽度一一对应。从图 3-5 中可以看出，由于不同发射阵元到接收线圈的收发距离不同，各发

射阵元单独发射时的感应电动势呈现出与图 2-4 中曲线类似的相移特性，且各曲线存在一定的变形。如图 3-6 所示，在第 2 种方案中，9 个发射阵元同时不加权发射下接收线圈的感应电动势等效于图 3-5 中 9 条感应电动势曲线的线性累加，各曲线间的相移和变形会严重影响套管无损检测的性能。如图 3-6 所示，与不加权发射的接收线圈感应电动势曲线相比，第 5 个发射阵元(中心发射阵元，收发距离为 0)单独发射时的感应电动势曲线的 3 个负波峰区分得更加明显。此外，加权发射阵列感应电动势曲线的形态与中心阵元单独发射(收发距离为 0)时的感应电动势曲线很接近，都优于不加权发射阵列。而且由于加权发射阵列采用了信噪比最大化的加权激励，其感应电动势曲线相比中心阵元单独发射的曲线更加平滑。

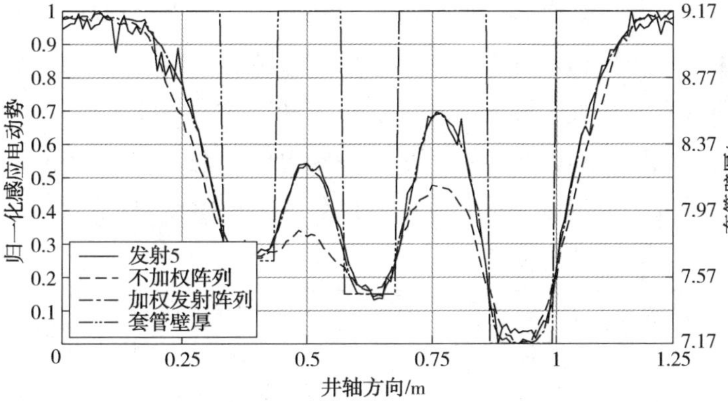

图 3-6 套管壁厚曲线和不同发射方案下的归一化感应电动势对比

3.3 电磁发射阵列合成磁场聚焦机制及应用

3.3.1 发射阵列井下磁场分布规律

本书 3.2 节针对瞬变电磁发射阵列井下探测系统介绍了基于信噪比最大准则的发射阵列加权方法，不仅能够使接收线圈的响应信号信噪比最大化，还能够消除不同发射阵元间因收发距离不同而造成的影响，从而提高井下探测的性能。将本书 3.2 节的瞬变电磁发射阵列模型同第 2 章的瞬变电磁接收阵列模型对比可以看出，二者的信号形式类似，都可以基于感应信号解耦模型从信号中提取出与收发距离相关的导向矢量，且发射阵列与接收阵列的导向矢量形式相同，这为后续将瞬变电磁发射阵列同瞬变电磁接收阵列联合形成多输入多输出(MIMO)瞬变电磁阵列，及其后续的处理方法提供了坚实的基础。但与瞬变电磁接收阵列不同的是，瞬变电磁发射阵列的加权系数为各发射阵元的电流，这使得瞬变电磁发射阵列系统具有一定的优势。因为瞬变电磁发射阵列在改变各发射阵元电流的同时，不仅可以调整接收线圈的感应电动势，其作为发射激励端还能够改变发射磁场的分布形态。基于这一特性，本节将分析瞬变电磁发射阵列的井下发射磁场分布，并介绍几种合成磁场聚焦方法，可以控制发射磁场分布使其能够聚焦在接收线圈所在位置，从而提高瞬变电磁井下探测的性能。

瞬变电磁井下探测系统的一般探测流程如图 3-7 所示。在测井缆车的控制下，悬挂在电缆上的瞬变电磁井下探测系统在井中上提下放以实现对井下介质的探测。假设在一个探测周期内井下探测系统没有位移，则探测系统的每个测量周期的数据分别对应着井轴上的一个深度。对瞬变电磁发射阵列施加电流使其在周围被测介质内形成稳定的磁场，然后瞬间关断电流，磁场突然变小并在被测介质中引发涡流。通过涡流消散在接收线圈中产生的感应电动势就可以反演出发射磁场分布范围内被测介质的电阻率。

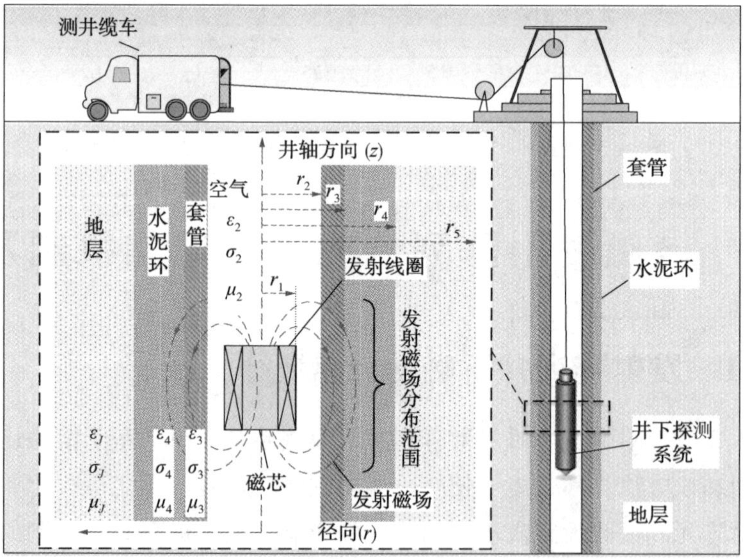

图 3-7　瞬变电磁井下探测系统的探测流程示意图

在瞬变电磁井下探测系统中地层介质的探测性能与发射磁场的分布密切相关。磁场的纵向分布越窄，探测系统的纵向检测范围越小，但也可以带来更高的纵向空间分辨率。由于瞬变电磁井下探测系统是沿纵向移动对地层介质进行探测，因此可以在降低移动速度后采用纵向分布较窄的磁场来实现对地层介质的精确探测，用探测效率换取更高的检测精度。在传统方法中，可以采用尺寸较小或者匝数更少的发射线圈获取更窄的磁场纵向分布范围，但受发射线圈本身结构的限制，很难达到比较理想的效果。针对这个问题，本节将介绍基于发射电流加权的瞬变电磁发射阵列合成磁场聚焦方法，通过对各发射阵元施加不同方向和不同大小的发射电流，将发射阵列的合成磁场在纵向上聚焦到发射阵列的中心区域，从而大大缩小磁场的纵向分布范围。

本节所介绍的方法采用的瞬变电磁发射阵列系统类似于 3.2.1 节的信号模型，如图 3-8 所示。瞬变电磁发射阵列系统的发射阵列为 M 个阵元的均匀线阵，每个阵元的匝数为 N_{T}，阵元间距为 Δz。接收线圈位于发射阵列中心位置，线圈匝数为 N_{R}。不同介质呈圆柱形包裹围绕中心探头，从外到里依次为地层、水泥环、套管、空气和磁芯。假设在一个测量周期中没有位移，此时第 m 个发射阵元的纵向坐标为 $z_{\mathrm{T},m}$。

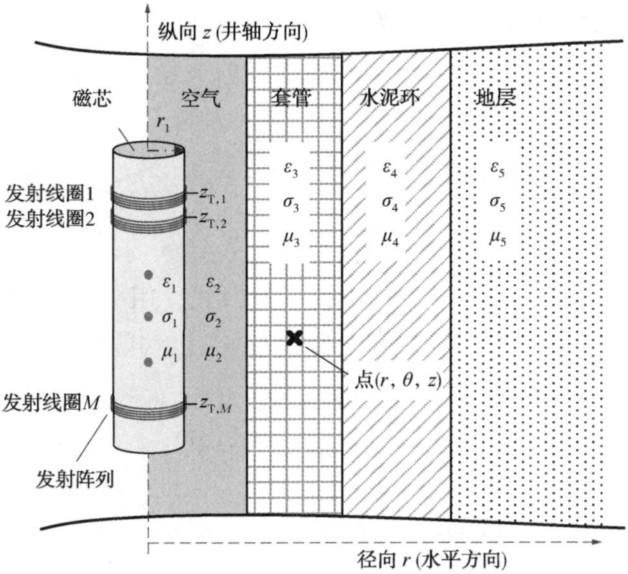

图 3-8　瞬变电磁发射阵列合成磁场聚焦信号模型

根据多层圆柱结构的亥姆霍兹方程推导，由式(2-5)可知，第 m 个发射阵元所在空间内第二层外一点(r, θ, z)处激发的磁场的垂直分量可以写为：

$$\widetilde{H}_m(\omega, d_m, r, x)=\frac{N_{\mathrm{T}} I_m(\omega) r_1}{\pi} \cdot \int_0^{\infty} h(\omega, r, x, \lambda) \cos(\lambda d_m) \mathrm{d}\lambda \quad (3-29)$$

式中，d_m为该点距离第 m 个发射阵元的纵向距离，$d_m=|z_{\mathrm{T},m}-z|$。

$$h(\omega, r, x, \lambda)=\begin{cases} e_j[C_j K_0(e_j r)-D_j O_0(e_j r)], & j\neq 2 \\ e_2[-O_0(e_2 r) K_1(e_2 r_1)+C_2 K_0(e_2 r)-D_2 O_0(e_2 r)], & j=2 \end{cases} \quad (3-30)$$

需要注意的是，在本节方法中只考虑发射磁场的分布，不关注接收线圈的具体位置，因此本节中收发距离为磁场观测点距离发射阵元的纵向距离，为便于与上文公式对照，采用同样的变量名称 d_m表示。

当采用式(3-1)的斜阶跃信号作为发射信号，发射阵列的 M 个发射阵元同时发射时，可通过对式(3-29)求和得到点(r, θ, z)处的合成磁场为：

$$\widetilde{H}(\mathbf{i}, \omega, \mathbf{d}, r, x)=\sum_{m=1}^{M} I_m \frac{\mathrm{e}^{-i\omega t_{\mathrm{off}}}-1}{t_{\mathrm{off}}(i\omega)^2} \cdot \frac{N_{\mathrm{T}} r_1}{\pi} \int_0^{\infty} h(\omega, r, x, \lambda) \cos(\lambda d_m) \mathrm{d}\lambda \quad (3-31)$$

式中，$\mathbf{i}$ 为 M 个发射阵元的发射电流幅值，$\mathbf{i}=[I_1, I_2, \cdots, I_M]^{\mathrm{T}}$；$\mathbf{d}$ 为 M 个发射阵元的与该磁场观测点(r, θ, z)的距离组成的矢量，$\mathbf{d}=[d_1, d_2, \cdots, d_M]^{\mathrm{T}}$。使用 S 级 G-S 拉普拉斯逆变换将式(3-31)转换为如式(3-32)所示的时域形式：

$$H(\mathbf{i}, t, \mathbf{d}, r, x)=\frac{\ln 2}{t} \sum_{s=1}^{S} E_s \widetilde{H}(\mathbf{i}, s\ln 2/it, \mathbf{d}, r, x) \quad (3-32)$$

式中，E_s为第 s 级的 G-S 拉普拉斯逆变换的积分系数，$s=1, 2, \cdots, S$。

同样，为了独立分解出与间距 $\mathbf{d}$ 相关的因式，用 2. 2. 1 节所介绍的基于高斯-勒让德积分的感应信号数值近似模型，可将式(3-32)近似改写为如式(3-33)所示的矩阵形式：

$$H(\mathbf{i}, t, \mathbf{d}, r, x)=\zeta \mathbf{i}^{\mathrm{T}} \mathbf{X}(\mathbf{d}) \mathbf{q}(t, r, x) \quad (3-33)$$

其中，$\mathbf{X}(\mathbf{d}) \in C^{M\times P}$同式(2-24)。

$$\mathbf{q}(t, r, x)=[q_1(t, r, x) \quad q_2(t, r, x) \quad \cdots \quad q_P(t, r, x)]_{P\times 1}^{\mathrm{T}} \quad (3-34)$$

$$q_p(t, r, x)=A_p \sum_{s=1}^{S} E_s \frac{\mathrm{e}^{-t_{\mathrm{off}} s\ln 2/t}-1}{t_{\mathrm{off}}(s\ln 2/t)^2} h\left(\frac{s\ln 2}{it}, x, r, \lambda_0 \frac{B_p+1}{2}\right) \quad (3-35)$$

由于本书介绍的瞬变电磁发射阵列模型均为轴对称模型，故磁场不会随着角度的改变而变化。式(3-33)表明，改变发射阵列中各发射阵元的电流，可以改变任意一点(r，θ，z)处的磁场，从而改变空间内的磁场分布。因此，通过调整瞬变电磁发射阵列的发射电流，可以将磁场聚焦在井轴方向上的特定区域，这将为瞬变电磁井下探测系统的检测性能创造一些潜在优势，如提高纵向分辨率，以更好地完成地层介质的井下探测。

为了进一步研究发射阵列加权对不同位置磁场分布的影响，本书对 3.2 节介绍的基于信噪比最大准则的发射阵列加权方法进行了模拟实验。实验环境与 3.2.3 节实验基本相同，仍然采用 9 个发射线圈组成 1 个发射阵列，采用 5½in 的标准套管模拟探测环境，不同的是在磁芯上绕制了 15 个接收线圈。由于接收线圈的感应电动势是由其内部磁场激发的，因此可以用沿纵向分布接收线圈的感应电动势分析发射磁场在纵向上的分布形态。在实验中采用的 15 个接收线圈的间距与发射线圈相同，接收线圈阵列的中心与发射线圈重合，即中间的 9 个接收线圈和 9 个发射线圈位置相同。具体的实验系统结构和实验环境如图 3-9 所示。实验中瞬变电磁阵列系统静置在套管中心，所测量的 15 个接收线圈的归一化感应电动势如图 3-10 所示。

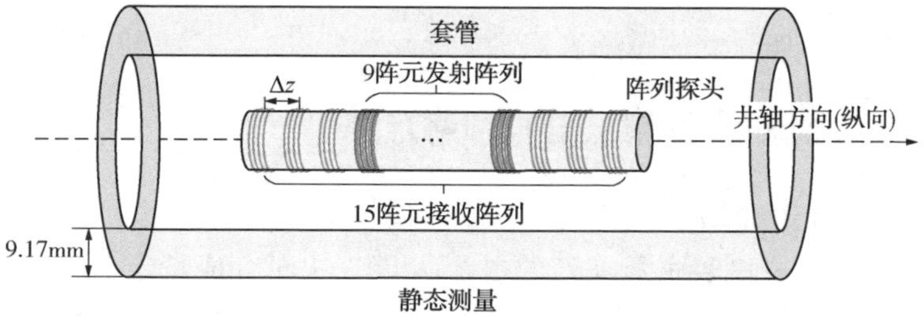

图 3-9　发射阵列磁场分布实验系统结构和实验环境示意图

图 3-10 在不同采样时刻下对比了采用信噪比最大准则的加权发射阵列和不加权发射阵列的磁场分布。其中，图 3-10(a)和图 3-10(b)的采样时刻分别为 20ms 和 50ms。从图 3-10 中可以明显观察到，瞬变电磁发射阵列的磁场在纵向上呈现出类似于雷达的波束形态，且这种波束会随着时间的增加而慢慢扩散。通过本书介绍的基于信噪比最大的发射阵列加权方法对发射阵列加权后，不同时刻的波束均比不加权发射阵列的波束更窄，这表明经过加权后发射的磁场更加聚焦在发射阵列的中心($z=0$)，即 3.3.1 节模型中接收线圈所在的位置。

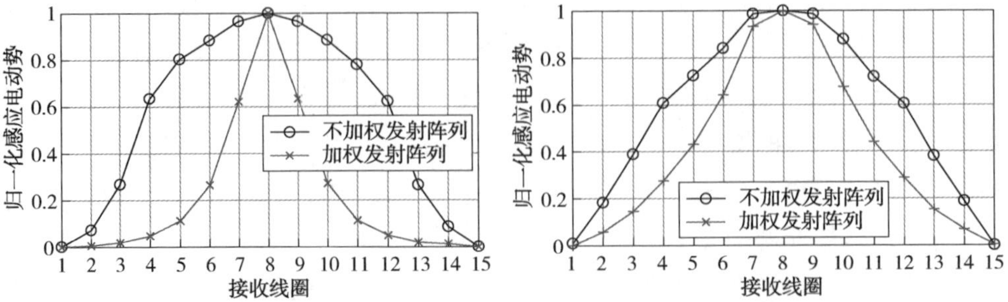

(a) 20ms　　(b) 50ms

图 3-10　不同采样时刻下信噪比最大加权发射阵列和不加权发射阵列的磁场分布对比

因此，基于信噪比最大准则的发射阵列加权方法不仅能够获取最大的感应信号信噪比，消除收发距离的影响，还能够获得更窄的波束，使磁场显著聚集在接收线圈所在的纵向位置，从而使井下探测的结果更加准确，这是因为接收线圈的感应电动势对应的磁场聚焦区域的信息比重更大。特别是在多发射瞬变电磁阵列井下探测过程中，往往通过电缆控制系统在井中进行纵向移动测量，这时可以通过瞬变电磁纵向磁场聚焦提高纵向分辨率和准确度。但基于信噪比最大的发射阵列加权方法是以信噪比最大为优化准则，其磁场聚焦的性能较差。针对这个问题，本书在进一步分析瞬变电磁发射阵列磁场分布的基础上，介绍几种合成磁场聚焦方法以实现更加高效的磁场聚焦。

3.3.2　合成磁场聚焦的实现方法

近年来，Kim 等介绍了一种被称为合成磁场聚焦的新技术。这种技术通过矩阵直接求逆的方法求解多线圈阵列的电流矢量，从而合成特定分布的发射磁场。但该方法发射波形为正弦波，且并不适用于井下探测环境。受该技术启发，本小节介绍的瞬变电磁发射阵列合成磁场聚焦方法原理如图 3-11 所示，通过对发射阵列各个阵元施加不同方向和大小的电流控制发射磁场的分布，使其能够在纵向上更窄地聚焦在特定区域。

假设在半径 r 处沿井轴方向（纵向）等间隔布置 $\widetilde{N}$ 个磁场观测点，通过多个磁场观测点的磁场强度表征磁场在纵向上的分布形态。其中，$\widetilde{N}$ 是大于零的整数，$\widetilde{N}$ 个磁场观测点的间距为 Δz_G，第 $\tilde{n}$ 个磁场观测点的深度为 $z_{G,\tilde{n}}$，$\tilde{n}=1，2，\cdots，\widetilde{N}$。令 $\widetilde{N}$ 个磁场观测点的纵向中心位置与发射阵列的中心位置相同，即 $(z_{G,1}+z_{G,\widetilde{N}})/2=$

$(z_{T,1}+z_{T,M})/2$。通过堆叠式(3-33)，发射阵列在时间为 t，半径为 r 处沿井轴方向的发射磁场分布可表示为：

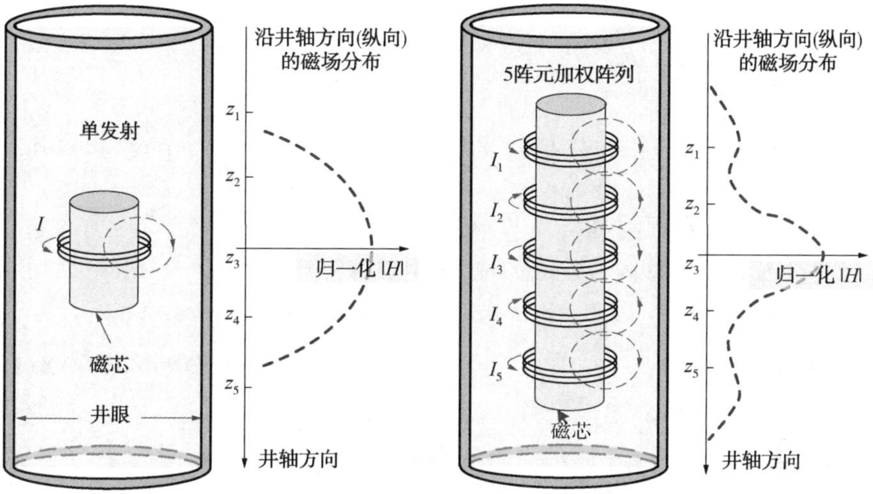

图 3-11　瞬变电磁发射阵列合成磁场聚焦方法原理示意图

$$\mathbf{h}(\mathbf{i},\ t,\ \mathbf{D},\ r,\ x)=[H(\mathbf{i},\ t,\ \mathbf{d}_1,\ r,\ x)\quad H(\mathbf{i},\ t,\ \mathbf{d}_2,\ r,\ x)\quad \cdots \quad H(\mathbf{i},\ t,\ \mathbf{d}_{\tilde{N}},\ r,\ x)]^{\mathrm{T}}_{\tilde{N}\times 1} \tag{3-36}$$

式中，$\mathbf{D}=[\mathbf{d}_1,\ \mathbf{d}_2,\ \cdots,\ \mathbf{d}_{\tilde{N}}]^{\mathrm{T}}_{\tilde{N}\times M}$，$\mathbf{d}_{\tilde{n}}=[d_{1,\tilde{n}},\ d_{2,\tilde{n}},\ \cdots,\ d_{M,\tilde{n}}]^{\mathrm{T}}_{M\times 1}$，$d_{m,\tilde{n}}$为第 m 个发射阵元和第 $\tilde{n}$ 个观测点之间的距离，类似于收发距离，$\tilde{n}=1,\ 2,\ \cdots,\ \tilde{N}-1,\ \tilde{N}$。

假设期望的磁场分布为：

$$\mathbf{h}_{\mathrm{d}}(t,\ \mathbf{z},\ r)=[H_{\mathrm{d}}(t,\ z_{\mathrm{G},1},\ r)\quad H_{\mathrm{d}}(t,\ z_{\mathrm{G},2},\ r)\quad \cdots \quad H_{\mathrm{d}}(t,\ z_{\mathrm{G},\tilde{N}-1},\ r)\quad H_{\mathrm{d}}(t,\ z_{\mathrm{G},\tilde{N}},\ r)]^{\mathrm{T}} \tag{3-37}$$

式中，$H_{\mathrm{d}}(t,\ z_{\mathrm{G},\tilde{n}},\ r)$为第 $\tilde{n}$ 个观测点 $z_{\mathrm{G},\tilde{n}}$处的期望磁场。

期望磁场可以是任意的磁场分布，在本书中令期望磁场为一个具有较窄主瓣的聚焦磁场，并通过调整发射电流使发射阵列的合成磁场近似为期望的聚焦磁场。

根据最小均方误差(MMSE)准则，通过解决式(3-38)的优化问题可以获取最优的发射电流矢量，将纵向磁场分布近似约束为期望的磁场分布，从而实现合成磁场聚焦：

$$\min_{\mathbf{i}}\ \sigma(\mathbf{i})=E\{\|\mathbf{h}(\mathbf{i},\ t,\ \mathbf{D},\ r,\ x)-\mathbf{h}_{\mathrm{d}}(t,\ \mathbf{z},\ r)\|^2_{\mathrm{F}}\} \tag{3-38}$$

为了解决式(3-38)的优化问题，将式(3-33)代入式(3-36)，可将式(3-36)改写为：

$$\mathbf{h}(\mathbf{i},\ t,\ \mathbf{D},\ r,\ x)=[\zeta\mathbf{i}^{\mathrm{T}}\mathbf{X}^{\mathrm{T}}(\mathbf{D})\mathbf{Q}(t,\ r,\ x)]^{\mathrm{T}} \tag{3-39}$$

$$\mathbf{X}(\mathbf{D})=[\mathbf{X}(\mathbf{d}_1),\ \mathbf{X}(\mathbf{d}_2),\ \cdots,\ \mathbf{X}(\mathbf{d}_{\widetilde{N}-1}),\ \mathbf{X}(\mathbf{d}_{\widetilde{N}})]^{\mathrm{T}}\in C^{\widetilde{N}P\times M} \tag{3-40}$$

$$\mathbf{Q}(t,\ r,\ x)=\mathrm{diag}\left[\underbrace{\mathbf{q}(t,\ r,\ x),\ \cdots,\ \mathbf{q}(t,\ r,\ x)}_{\widetilde{N}个}\right]\in C^{\widetilde{N}P\times\widetilde{N}} \tag{3-41}$$

将式(3-39)代入式(3-38)，可以得到：

$$\begin{aligned}\sigma(\mathbf{i})=&E\{[\zeta\mathbf{i}^{\mathrm{T}}\mathbf{X}^{\mathrm{T}}(\mathbf{D})\mathbf{Q}(t,\ r,\ x)-\mathbf{h}_{\mathrm{d}}^{\mathrm{T}}(t,\ \mathbf{z},\ r)][\zeta\mathbf{i}^{\mathrm{T}}\mathbf{X}^{\mathrm{T}}(\mathbf{D})\mathbf{Q}(t,\ r,\ x)-\mathbf{h}_{\mathrm{d}}^{\mathrm{T}}(t,\ \mathbf{z},\ r)]^{\mathrm{T}}\}=\\&\zeta^2\mathbf{i}^{\mathrm{T}}E\{\mathbf{X}^{\mathrm{T}}(\mathbf{D})\mathbf{Q}(t,\ r,\ x)\mathbf{Q}^{\mathrm{T}}(t,\ r,\ x)\mathbf{X}(\mathbf{D})\}\mathbf{i}+E\{\mathbf{h}_{\mathrm{d}}^{\mathrm{T}}(t,\ \mathbf{z},\ r)\mathbf{h}_{\mathrm{d}}(t,\ \mathbf{z},\ r)\}-\\&\zeta\mathbf{i}^{\mathrm{T}}E\{\mathbf{X}^{\mathrm{T}}(\mathbf{D})\mathbf{Q}(t,\ r,\ x)\mathbf{h}_{\mathrm{d}}(t,\ \mathbf{z},\ r)\}-\zeta E\{\mathbf{h}_{\mathrm{d}}^{\mathrm{T}}(t,\ \mathbf{z},\ r)\mathbf{Q}^{\mathrm{T}}(t,\ r,\ x)\mathbf{X}(\mathbf{D})\}\mathbf{i}\end{aligned} \tag{3-42}$$

令 $\mathbf{R}_{\mathrm{XQ}}=\zeta^2E\{\mathbf{X}^{\mathrm{T}}(\mathbf{D})\mathbf{Q}(t,\ r,\ x)\mathbf{Q}^{\mathrm{T}}(t,\ r,\ x)\mathbf{X}(\mathbf{D})\}\in \mathrm{C}^{M\times M}$，$\mathbf{R}_{\mathrm{XQD}}=\zeta E\{\mathbf{X}^{\mathrm{T}}(\mathbf{D})\mathbf{Q}(t,\ r,\ x)\mathbf{h}_{\mathrm{d}}(t,\ \mathbf{z},\ r)\}\in\mathrm{C}^{M\times 1}$，可以将优化问题转换为计算公式(3-42)的导数：

$$\frac{\partial\sigma(\mathbf{i})}{\partial\mathbf{i}}=2\mathbf{R}_{\mathrm{XQ}}\mathbf{i}-2\mathbf{R}_{\mathrm{XQD}}=0 \tag{3-43}$$

求解式(3-43)，可以得到最优的加权矢量为：

$$\mathbf{i}_{\mathrm{MMSE}}=\mathbf{R}_{\mathrm{XQ}}^{-1}\mathbf{R}_{\mathrm{XQD}} \tag{3-44}$$

式中，$\mathbf{R}_{\mathrm{XQ}}$为 $\dot{\mathbf{X}}=\zeta\mathbf{X}^{\mathrm{T}}(\mathbf{D})\mathbf{Q}(t,\ r,\ x)$的自相关矩阵，矩阵 $\dot{\mathbf{X}}$ 的维数为 $M\times\widetilde{N}$。因此，当 $\widetilde{N}\geqslant M$ 时，矩阵 $\mathbf{R}_{\mathrm{XQ}}$是可逆的；而当 $\widetilde{N}<M$ 时，考虑存在伪逆[$\dot{\mathbf{X}}_{\mathrm{right}}{}^{-1}=\dot{\mathbf{X}}^{\mathrm{T}}(\dot{\mathbf{X}}\dot{\mathbf{X}}^{\mathrm{T}})^{-1}$]，将式(3-38)改为直接求解使加权后的磁场等于期望的磁场分布，即 $\mathbf{h}(\mathbf{i},\ t,\ \mathbf{D},\ r,\ x)=\mathbf{h}_{\mathrm{d}}(t,\ \mathbf{z},\ r)$。

将式(3-39)代入该式，可进一步改写为：

$$\dot{\mathbf{X}}^{\mathrm{T}}\mathbf{i}=\mathbf{h}_{\mathrm{d}}(t,\ \mathbf{z},\ r) \tag{3-45}$$

这样，通过给式(3-45)两端左乘矩阵 $\dot{\mathbf{X}}$ 的右逆，可以直接得到最优发射加权矢量为：

$$\mathbf{i}_{\mathrm{opt}}=\dot{\mathbf{X}}(\dot{\mathbf{X}}^{\mathrm{T}}\dot{\mathbf{X}})^{-1}\mathbf{h}_{\mathrm{d}}(t,\ \mathbf{z},\ r) \tag{3-46}$$

此外，假设期望将磁场聚焦到 $z=0$ 处的发射阵列中心区域，且发射阵元的数

量 M 和观测点的数量 $\widetilde{N}$ 都是奇数，那么期望磁场分布可以设定为只在中心观测位置处存在一个峰值，写成如式(3-47)所示的表示形式：

$$H_{\mathrm{d}}(t,\ z_{\mathrm{G},\tilde{n}},\ r)=\begin{cases}\eta, & \tilde{n}=(\widetilde{N}+1)/2\\ 0, & \text{其他}\end{cases} \tag{3-47}$$

式中，η 为一个常数，目的是确保聚焦位置处的磁场足够大，以满足检测范围和响应信号信噪比的要求。对于不同井下探测应用场景而言，其要求的径向探测范围不同。如井下救援井远探测系统需要尽量大的探测范围以尽早识别出事故井套管，而对于瞬变电磁井下套管无损检测系统来说，由于金属套管的尺寸不是很大，η 需要选择一个合适的值，既要保证感应信号的强度和信噪比，也不宜设置过大而使不必要的检测范围增大。将式(3-47)代入式(3-44)中，可以得到在聚焦到中心位置的最优发射加权，表示为：

$$\mathbf{i}_{\mathrm{MMSE}}=\eta\zeta\mathbf{R}_{\mathrm{XQ}}^{-1}\mathbf{X}\mathbf{d}_{(\widetilde{N}+1)/2}\mathbf{q}(t,\ r,\ h) \tag{3-48}$$

采用基于最小均方误差(MMSE)的合成磁场聚焦方法可以使加权后发射阵列的磁场分布接近期望的磁场分布，但这种方法只约束了沿井轴方向的所有观测位置($z_{\mathrm{R},1}\sim z_{\mathrm{R},N}$)的磁场分布，使其误差之和最小，并没有对每一个观测位置单独进行约束。事实上，由于目标约束是使总的均方误差最小化，随着观测位置数量的增加，基于 MMSE 的合成磁场聚焦方法的聚焦区域的磁场可能会显著降低。如图 3-12所示，随着观测位置数量的增加，期望聚焦位置的观测点在整个观测磁场矢量中的比重越来越小，该点的磁场误差在式(3-37)中整个矢量均方误差总和中的比重也越来越小。为了最小化发射磁场与期望磁场各观测点的均方误差之和，基于 MMSE 的合成磁场聚焦方法会牺牲中间聚焦区域的磁场强度，使其他观测位置的磁场强度更低从而更加符合预期的磁场分布。这种牺牲聚焦区域磁场强度的方式显然与磁场聚焦的初衷相违背，会显著降低信号强度和检测性能。

选择合适的磁场观测点数量，合理调整期望的磁场分布形态，甚至布置非均匀分布的观测点以增加聚焦区域观测点的比重，可以有效改善基于 MMSE 的合成磁场聚焦方法的这种缺陷，但上述操作实现起来非常复杂。针对这一问题，为了提高磁场聚焦性能，本小节再介绍一种基于 WMMSE 的合成磁场聚焦方法，使磁场的加权均方误差之和最小。其实现原理是为重点关注的区域(一般为接收线圈所在的聚焦区域)分配较大的权重，为远离聚焦区域的其他区域则分配较小的权重，从而使聚焦区域的磁场严格满足期望的磁场分布，而远离聚焦区域的其他区域的磁场则适当放松约束，原因是接收线圈所在的聚焦区域磁场对接收感应信号的影响更大。

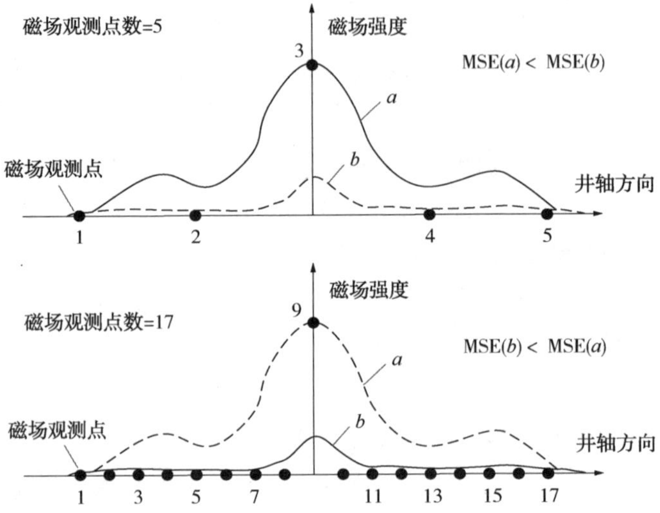

图 3-12　MMSE 准则结果随磁场观测点数的变化

根据 WMMSE 准则，使发射磁场更加符合期望的磁场分布的发射权矢量可以通过求解式(3-49)的优化问题获取：

$$\min_{\mathbf{i}} \sigma(\mathbf{i})=E\{\|\mathbf{f}\circ[\mathbf{h}(\mathbf{i}, t, \mathbf{D}, r, x)-\mathbf{h}_{\mathrm{d}}(t, \mathbf{z}, r)]\|_{\mathrm{F}}^{2}\} \tag{3-49}$$

式中，$\circ$ 表示哈达玛(Hadamard)积；$\mathbf{f}=[f_1, f_2, \cdots, f_{\tilde{N}-1}, f_{\tilde{N}}]^{\mathrm{T}}$，其中，$f_{\tilde{n}}$ 为第 $\tilde{n}$ 个观测点的磁场分布误差的分配权重。

将式(3-39)代入式(3-49)，式(3-49)可展开表示为：

$$\begin{aligned}\sigma(\mathbf{i})=&E\{[\mathbf{f}\circ\mathbf{h}(\mathbf{i}, t, \mathbf{D}, r, x)-\mathbf{f}\circ\mathbf{h}_{\mathrm{d}}(t, \mathbf{z}, r)]^{\mathrm{T}}[\mathbf{f}\circ\mathbf{h}(\mathbf{i}, t, \mathbf{D}, r, x)-\\&\mathbf{f}\circ\mathbf{h}_{\mathrm{d}}(t, \mathbf{z}, r)]\}=\zeta^{2}\mathbf{i}^{\mathrm{T}}E\{\mathbf{X}^{\mathrm{T}}(\mathbf{D})[\mathbf{f}_{\mathrm{g}}\circ\mathbf{Q}(t, r, x)][\mathbf{f}_{\mathrm{g}}\circ\\&\mathbf{Q}(t, r, x)]^{\mathrm{T}}\}\mathbf{X}(\mathbf{D})\mathbf{i}+E\{[\mathbf{f}\circ\mathbf{h}_{\mathrm{d}}(t, \mathbf{z}, r)]^{\mathrm{T}}[\mathbf{f}\circ\mathbf{h}_{\mathrm{d}}(t, \mathbf{z}, r)]\}-\\&\zeta\mathbf{i}^{\mathrm{T}}E\{\mathbf{X}^{\mathrm{T}}(\mathbf{D})[\mathbf{f}_{\mathrm{g}}\circ\mathbf{Q}(t, r, x)][\mathbf{f}\circ\mathbf{h}_{\mathrm{d}}(t, \mathbf{z}, r)]^{\mathrm{T}}\}-\\&\zeta E\{[\mathbf{f}\circ\mathbf{h}_{\mathrm{d}}(t, \mathbf{z}, r)]^{\mathrm{T}}[\mathbf{f}_{\mathrm{g}}\circ\mathbf{Q}(t, r, x)]^{\mathrm{T}}\mathbf{X}(\mathbf{D})\}\mathbf{i}\end{aligned} \tag{3-50}$$

式中，$\mathbf{f}_{\mathrm{g}}=\mathbf{f}\otimes\mathrm{ones}(1, \widetilde{N})$，$\otimes$表示克罗内克(Kronecker)积。

令 $\mathbf{R}_{\mathrm{FXQ}}=\zeta^{2}E\{\mathbf{X}^{\mathrm{T}}(\mathbf{D})[\mathbf{f}_{\mathrm{g}}\circ\mathbf{Q}(t, r, x)][\mathbf{f}_{\mathrm{g}}\circ\mathbf{Q}(t, r, x)]^{\mathrm{T}}\mathbf{X}(\mathbf{D})\}\in\mathrm{C}^{M\times M}$，

$\mathbf{R}_{\mathrm{FXQD}}=\zeta E\{\mathbf{X}^{\mathrm{T}}(\mathbf{D})[\mathbf{f}_{\mathrm{g}}\circ\ \mathbf{Q}(t,\ r,\ x)][\mathbf{f}\circ\ \mathbf{h}_{\mathrm{d}}(t,\ \mathbf{z},\ r)]^{\mathrm{T}}\}\in\mathrm{C}^{M\times 1}$。与式(3-42)类似，将式(3-48)的优化问题转换为式(3-50)的导数：

$$\frac{\partial\sigma(\mathbf{i})}{\partial\mathbf{i}}=2\mathbf{R}_{\mathrm{FXQ}}\mathbf{i}-2\mathbf{R}_{\mathrm{FXQD}}=0 \tag{3-51}$$

求解式(3-51)，可以得到基于 WMMSE 的合成磁场聚焦方法的最优发射加权矢量为：

$$\mathbf{i}_{\mathrm{WMMSE}}=\mathbf{R}_{\mathrm{FXQ}}^{-1}\mathbf{R}_{\mathrm{FXQD}} \tag{3-52}$$

基于 WMMSE 的合成磁场聚焦方法，可以使发射加权后的磁场更加符合期望的磁场分布，但是瞬变电磁发射阵列井下探测系统一般是挂接在电缆上通过长距离的电缆传输电能，或者采用电池供电，甚至可能还要和其他测井工具挂载在一起，因此基于对安全和空间大小的考虑，瞬变电磁发射阵列井下探测系统的功率有限。此外，系统中还包含发射、采样、数据发送/存储等多个模块，使能够用于瞬变电磁阵列发射电路的功率受到严重制约，无法给发射阵元施加任意的发射电流。因此，基于 WMMSE 的合成磁场聚焦方法计算的发射电流可能在实际应用中很难实现。当求解的发射电流超过系统的承载能力时，虽然等比例地降低所有发射阵元的发射电流不会改变磁场聚焦的分布形态，但会严重降低磁场的强度。针对这一问题，本小节再介绍一种在功率约束条件下的 WMMSE 合成磁场聚焦方法。这种方法能够在有限的电流权系数选择范围内实现最优的磁场聚焦性能。

假设发射系统存在总功率限制，则带有总功率约束的 WMMSE 合成磁场聚焦方法的优化问题可以写为式(3-53)的形式：

$$\begin{aligned}&\min_{\mathbf{i}}\ \sigma(\mathbf{i})=E\{\ \|\mathbf{f}\circ\ [\mathbf{h}(\mathbf{i},\ t,\ \mathbf{D},\ r,\ x)-\mathbf{h}_{\mathrm{d}}(t,\ \mathbf{z},\ r)]\|_{\mathrm{F}}^{2}\}\\&\mathrm{s.\ t.}\quad \mathbf{i}^{\mathrm{T}}\mathbf{i}\leqslant P_{\mathrm{all}}\end{aligned} \tag{3-53}$$

式中，P_{all}为系统的总功率阈值。对于上述在总功率约束条件下的发射加权优化问题，本书参考注水算法进行求解。注水算法是一种功率分配算法，在通信领域中常用于根据信道情况对发送功率进行自适应分配。在式(3-53)中引入拉格朗日乘子，可将其改写为：

$$L(\mathbf{i},\ \lambda,\ \kappa)=E\{\ \|\mathbf{f}\circ\ [\mathbf{h}(\mathbf{i},\ t,\ \mathbf{D},\ r,\ x)-\mathbf{h}_{\mathrm{d}}(t,\ \mathbf{z},\ r)]\|_{\mathrm{F}}^{2}\}+\kappa(\mathbf{i}^{\mathrm{T}}\mathbf{i}-P_{\mathrm{all}}) \tag{3-54}$$

式中，κ 为拉格朗日乘子。

式(3-54)的 Karush-Kuhn-Tucker(KKT)条件可表示为：

$$\begin{cases}\dfrac{\partial L(\mathbf{i},\ \lambda)}{\partial \mathbf{i}}=2\mathbf{R}_{\mathrm{FXQ}}\mathbf{i}-2\mathbf{R}_{\mathrm{FXQD}}+2\kappa\mathbf{i}=0\\ \mathbf{i}^{\mathrm{T}}\mathbf{i}\leqslant P_{\mathrm{all}}\\ \kappa\geqslant 0\\ \kappa(\mathbf{i}^{\mathrm{T}}\mathbf{i}-P_{\mathrm{all}})=0\end{cases} \tag{3-55}$$

式(3-55)可以解得在总功率约束条件下的 WMMSE 磁场聚焦最优发射权矢量为：

$$\mathbf{i}_{\mathrm{APC-WMMSE}}=(\mathbf{R}_{\mathrm{FXQ}}+\kappa\mathbf{E})^{-1}\mathbf{R}_{\mathrm{FXQD}} \tag{3-56}$$

若

$$(\mathbf{R}_{\mathrm{FXQ}}^{-1}\mathbf{R}_{\mathrm{FXQD}})^{\mathrm{T}}(\mathbf{R}_{\mathrm{FXQ}}^{-1}\mathbf{R}_{\mathrm{FXQD}})\leqslant P_{\mathrm{all}} \tag{3-57}$$

说明式(3-52)中无功率约束的 WMMSE 最优发射权矢量的功率没有达到总功率的阈值。在这种情况下，$\kappa=0$，式(3-53)的总功率约束没有产生作用，其优化问题的结果同式(3-52)一致，即：

$$\mathbf{i}_{\mathrm{APC-WMMSE}}=\mathbf{R}_{\mathrm{FXQ}}^{-1}\mathbf{R}_{\mathrm{FXQD}} \tag{3-58}$$

反之，当式(3-57)不成立时，κ 为大于 0 的实数，使得：

$$[(\mathbf{R}_{\mathrm{FXQ}}+\kappa\mathbf{E})^{-1}\mathbf{R}_{\mathrm{FXQD}}]^{\mathrm{T}}[(\mathbf{R}_{\mathrm{FXQ}}+\kappa\mathbf{E})^{-1}\mathbf{R}_{\mathrm{FXQD}}]=P_{\mathrm{all}} \tag{3-59}$$

式(3-53)和式(3-56)给出了在总功率约束条件下的 WMMSE 合成磁场聚焦方法的优化问题和最优发射权矢量。

此外，为了保障发射系统能够长时间安全运行，往往需要根据发射线圈的工作温度、导线直径和材料确定其能够承载的最大安全电流。因此，对于发射线圈线径较细或者井深较深(井温较高)的探测场景，不仅发射阵列的总功率受到限制，单个发射阵元的发射电流也不能太大。针对这个问题，本小节对式(3-53)引入单个阵元的发射功率约束，表示如下：

$$\begin{aligned}&\min_{\mathbf{i}}\ \sigma(\mathbf{i})=\|\mathbf{f}\circ[\mathbf{h}(\mathbf{i},\ t,\ \mathbf{D},\ r,\ x)-\mathbf{h}_{\mathrm{d}}(t,\ \mathbf{z},\ r)]\|_{\mathrm{F}}^{2}\\ &\mathrm{s.\ t.}\quad \mathbf{i}^{\mathrm{T}}\mathbf{i}\leqslant P_{\mathrm{all}}\\ &\qquad\ \ I_m^2\leqslant P_{\mathrm{s}},\ m=1,\ 2,\ \cdots,\ M-1,\ M\end{aligned} \tag{3-60}$$

式中，P_{s} 为单阵元功率约束阈值。

将式(3-60)中的约束转换为矩阵形式，可重新表示为：

$$
\begin{aligned}
&\min_{\mathbf{i}}\ \sigma(\mathbf{i}) = \|\mathbf{f}\circ[\mathbf{h}(\mathbf{i},\ t,\ \mathbf{D},\ r,\ x)-\mathbf{h}_{\mathrm{d}}(t,\ \mathbf{z},\ r)]\|_{\mathrm{F}}^2\\
&\text{s. t.}\quad \mathbf{i}^{\mathrm{T}}\mathbf{i}\leqslant P_{\mathrm{all}}\\
&\qquad\ \ \mathbf{i}^{\mathrm{T}}\mathbf{E}_m\mathbf{i}\leqslant P_{\mathrm{s}},\ m=1,\ 2,\ \cdots,\ M-1,\ M
\end{aligned}
\tag{3-61}
$$

$$
\mathbf{E}_m=\begin{bmatrix} e_1 & 0 & \cdots & 0\\ 0 & e_2 & \cdots & 0\\ \vdots & \vdots & \ddots & \vdots\\ 0 & 0 & \cdots & e_M \end{bmatrix},\ e_m=1,\ \text{其他}=0
\tag{3-62}
$$

则式(3-61)的 KKT 条件可表示为：

$$
\begin{cases}
\dfrac{\partial L(\mathbf{i},\ \boldsymbol{\kappa})}{\partial \mathbf{i}} = 2\mathbf{R}_{\mathrm{FXQ}}\mathbf{i} - 2\mathbf{R}_{\mathrm{FXQD}} + 2\beta\mathbf{i} + \displaystyle\sum_{m=-M}^{M} 2\kappa_m\mathbf{i}^{\mathrm{T}}\mathbf{E}_m = 0\\
-\mu(\mathbf{i}^{\mathrm{T}}\mathbf{i} - P_{\mathrm{all}}) = 1/v\\
-\kappa_m(\mathbf{i}^{\mathrm{T}}\mathbf{E}_m\mathbf{i} - P_{\mathrm{s}}) = 1/v,\ m = 1,\ 2,\ \cdots,\ M-1,\ M
\end{cases}
\tag{3-63}
$$

式中，β 和 κ_m 为拉格朗日乘子；v 为引入的参数，用于设置近似精度，$v>0$；$\boldsymbol{\kappa}=[\mu,\ \kappa_1,\ \kappa_2,\ \cdots,\ \kappa_{M-1},\ \kappa_M]$。

根据原-对偶内点算法，KKT 条件可以重写为如式(3-64)所示的矩阵形式：

$$
\begin{bmatrix}\mathbf{r}_{\mathrm{dual}}\\ \mathbf{r}_{\mathrm{cent}}\end{bmatrix}=\begin{bmatrix}2\mathbf{R}_{\mathrm{FXQ}}\mathbf{i}-2\mathbf{R}_{\mathrm{FXQD}}+\mathbf{j}^{\mathrm{T}}(\mathbf{i})\boldsymbol{\kappa}\\ -\mathrm{diag}(\boldsymbol{\kappa})\mathbf{o}(\mathbf{i})-(1/v)\mathbf{1}\end{bmatrix}
\tag{3-64}
$$

$$
\mathbf{o}(\mathbf{i})=[\mathbf{i}^{\mathrm{T}}\mathbf{i}-P_{\mathrm{all}}\quad \mathbf{i}^{\mathrm{T}}\mathbf{E}_1\mathbf{i}-P_{\mathrm{s}}\quad \mathbf{i}^{\mathrm{T}}\mathbf{E}_2\mathbf{i}-P_{\mathrm{s}}\quad \cdots\quad \mathbf{i}^{\mathrm{T}}\mathbf{E}_{M-1}\mathbf{i}-P_{\mathrm{s}}\quad \mathbf{i}^{\mathrm{T}}\mathbf{E}_M\mathbf{i}-P_{\mathrm{s}}]^{\mathrm{T}}
\tag{3-65}
$$

式中，$\mathbf{r}_{\mathrm{dual}}$ 和 $\mathbf{r}_{\mathrm{cent}}$ 分别为对偶残差和中心残差。

式(3-65)的导数矩阵 $\mathbf{j}(\mathbf{i})$ 可以写成：

$$
\mathbf{j}(\mathbf{i})=[2\mathbf{i}^{\mathrm{T}}\quad 2\mathbf{i}^{\mathrm{T}}\mathbf{E}_1\quad 2\mathbf{i}^{\mathrm{T}}\mathbf{E}_2\quad \cdots\quad 2\mathbf{i}^{\mathrm{T}}\mathbf{E}_{M-1}\quad 2\mathbf{i}^{\mathrm{T}}\mathbf{E}_M]^{\mathrm{T}}
\tag{3-66}
$$

则点$(\mathbf{i},\boldsymbol{\kappa})$处的搜索方向可以由如式(3-67)所示的线性方程表示：

$$
\begin{bmatrix} 2\mathbf{R}_{\mathrm{FXQ}} + 2\beta\mathbf{E} + \displaystyle\sum_{m=1}^{M} 2\kappa_m\mathbf{E}_m & \mathbf{j}^{\mathrm{T}}(\mathbf{i})\\ -\mathrm{diag}(\boldsymbol{\kappa})\mathbf{j}(\mathbf{i}) & -\mathrm{diag}[\mathbf{o}(\mathbf{i})] \end{bmatrix}\begin{bmatrix}\Delta\mathbf{i}\\ \Delta\boldsymbol{\kappa}\end{bmatrix}=-\begin{bmatrix}\mathbf{r}_{\mathrm{dual}}\\ \mathbf{r}_{\mathrm{cent}}\end{bmatrix}
\tag{3-67}
$$

将上述公式改写为如下两个公式：

$$
\left(2\mathbf{R}_{\mathrm{FXQ}} + 2\beta\mathbf{E} + \sum_{m=1}^{M} 2\kappa_m\mathbf{E}_m\right)\Delta\mathbf{i} + \mathbf{j}^{\mathrm{T}}(\mathbf{i})\Delta\boldsymbol{\kappa} = -\mathbf{r}_{\mathrm{dual}}
\tag{3-68}
$$

$$
-\mathrm{diag}(\boldsymbol{\kappa})\mathbf{j}(\mathbf{i})\Delta\mathbf{I}-\mathrm{diag}[\mathbf{o}(\mathbf{i})]\Delta\boldsymbol{\kappa}=-\mathbf{r}_{\mathrm{cent}}
\tag{3-69}
$$

将式(3-64)代入式(3-69)，可以得到：

$$\Delta\boldsymbol{\kappa}=-\mathrm{diag}[\mathbf{o}(\mathbf{i})]^{-1}\mathrm{diag}(\boldsymbol{\kappa})\mathbf{j}(\mathbf{i})\Delta\mathbf{i}-\boldsymbol{\kappa}-(1/v)\mathbf{P}(\mathbf{i}) \tag{3-70}$$

$$\mathbf{P}(\mathbf{i})=\left[\frac{1}{\mathbf{i}^{\mathrm{T}}\mathbf{i}-P_{\mathrm{all}}}\quad\frac{1}{\mathbf{i}^{\mathrm{T}}\mathbf{E}_1\mathbf{i}-P_{\mathrm{s}}}\quad\frac{1}{\mathbf{i}^{\mathrm{T}}\mathbf{E}_2\mathbf{i}-P_{\mathrm{s}}}\quad\cdots\quad\frac{1}{\mathbf{i}^{\mathrm{T}}\mathbf{E}_M\mathbf{i}-P_{\mathrm{s}}}\right]^{\mathrm{T}} \tag{3-71}$$

将式(3-64)和式(3-70)代入式(3-68)，可以得到：

$$\mathbf{L}\Delta\mathbf{i}=-2\mathbf{R}_{\mathrm{FXQ}}\mathbf{i}+2\mathbf{R}_{\mathrm{FXQD}}+(1/v)\mathbf{j}^{\mathrm{T}}(\mathbf{i})\mathbf{P}(\mathbf{i}) \tag{3-72}$$

$$\mathbf{L}=2\mathbf{R}_{\mathrm{FXQ}}+2\beta\mathbf{E}+\sum_{m=1}^{M}2\kappa_m\mathbf{E}_m-\mathbf{j}^{\mathrm{T}}(\mathbf{i})\mathrm{diag}[\mathbf{o}(\mathbf{i})]^{-1}\mathrm{diag}(\boldsymbol{\kappa})\mathbf{j}(\mathbf{i}) \tag{3-73}$$

使用式(3-70)和式(3-72)的解定义原-对偶搜索方向($\Delta\mathbf{i}$，$\Delta\boldsymbol{\kappa}$)，即可找到式(3-60)表示的在总功率和单阵元功率约束条件下 WMMSE 合成磁场聚焦方法的最优解。具体的算法流程如下所示。

1）给定搜索起点 $\mathbf{i}$：满足 $\mathbf{o}(\mathbf{i})<0$，$\boldsymbol{\kappa}>0$，$\rho>1$，$\epsilon_{\mathrm{feas}}>0$，$\epsilon>0$。

2）重复：

① 确定 v，令 $v=\rho(M+1)/\delta$。

② 根据式(3-70)和式(3-72)计算原-对偶搜索方向($\Delta\mathbf{i}$，$\Delta\boldsymbol{\kappa}$)。

③ 确定步长 $\psi>0$ 并更新 $\mathbf{i}^{k+1}=\mathbf{i}^{k}+\psi\Delta\mathbf{i}$。

3）直到：$\|\mathbf{r}_{\mathrm{dual}}\|_2<\epsilon_{\mathrm{feas}}$，$\delta<\epsilon$。

在算法流程中，$\|\cdot\|_2$ 为欧几里得范数；$\delta(\mathbf{i},\boldsymbol{\kappa})=-\mathbf{f}(\mathbf{i})^{\mathrm{T}}/\boldsymbol{\kappa}$ 为代理对偶间隙；ρ 为用于计算参数 v 的因子，参数 v 的值与当前代理对偶间隙 δ 相关，一般 ρ 的值约为 10 的数量级时效果比较好。原-对偶内点算法的步长 ψ 可以通过标准回溯直线搜索确定。当 $\boldsymbol{\kappa}$ 是对偶可行(在阈值 ϵ_{feas} 内)的，并且代理对偶间隙 δ 小于阈值 ϵ 时，原-对偶内点算法终止。此外，由于原-对偶内点算法通常比线性方法收敛更快，因此通常选择较小的 ϵ_{feas} 和 ϵ。

3.3.3 应用案例与性能优劣分析

本书以基于瞬变电磁发射阵列的井下套管损伤检测系统为例，通过仿真和实验验证瞬变电磁发射阵列合成磁场聚焦方法的有效性。仿真和实验参数如表 3-2 所示。考虑到井下温度和线圈线径，参考 IEC 60287 标准，每个发射阵元的发射电流阈值设置为 1A，总发射功率阈值设置为 5。注意，当阵元数小于 5 时，发射阵列的总功率在单阵元功率约束下无法达到总功率阈值，而随着发射阵元数量的增加，总功率将逐渐接近并受到阈值 P_{all} 的约束。此外，假设在式(3-47)中期望中心观测位置的磁通密度为 $\eta=1\times10^{-4}$ T，以确保信号强度和检测范围。基于发射电流加权的瞬变电磁阵列合成磁场聚焦方法不仅具有足够大的磁场强度，还能够实现磁场聚焦，获得更窄的主瓣。

表 3-2　瞬变电磁发射阵列合成磁场聚焦方法的仿真和实验参数

参数	符号	值
发射阵元个数	M	1，3，5，7，9
观测点个数	N	65
阵元间距	Δz	20mm
发射阵元半径	r_1	12mm
发射阵元长度	l_T	10mm
发射线圈线径	e_T	0. 33mm
发射阵元线圈匝数	N_T	30
总发射功率阈值	P_{all}	5
单阵元发射功率阈值	P_s	1
被测套管壁厚	x_{th}	7. 72mm

表 3-3 为无功率约束条件下的基于 WMMSE 的合成磁场聚焦方法(下文简称为 UPC-SMF)和功率约束条件下的 WMMSE 合成磁场聚焦方法(下文简称为 PC-SMF)计算的各发射阵元电流。其中，式(3-49)和式(3-60)设定了相同的 r 和 t，分别设置为 63. 5mm(套管外径)和 10ms(发射电流关断后)。从表 3-3 中可以看出，两种方法都是通过对两侧的阵元施加负向的激励电流使主瓣相应地变窄，从而实现磁场聚焦。但是，UPC-SMF 方法计算的电流远远大于 1A，这在实际应用中很难实现，为此，本书介绍了 PC-SMF 方法。对比计算结果可以发现，两种方法的中心阵元都具有最大发射电流，能够使发射磁场向中心聚集从而获取更狭窄的主瓣。但 PC-SMF 方法的发射电流功率分布更为均匀，且没有一个发射阵元的电流超过 1A 的阈值，提高了磁场聚焦方法的实用性。

表 3-3　瞬变电磁发射阵列合成磁场聚焦方法的激励电流

方法	阵元数	I_1/A	I_2/A	I_3/A	I_4/A	I_5/A
UPC-SMF	3	-3. 2824	3. 0215	-3. 2824	N/A	N/A
	5	3. 1123	-10. 2129	7. 1017	-10. 2129	3. 1123
PC-SMF	3	-0. 5532	1. 0000	-0. 5532	N/A	N/A
	5	-0. 9601	-0. 0095	1. 0000	-0. 0095	-0. 9601

接下来，对比 5 种发射方案的仿真结果，分析本书所介绍方法的磁场聚焦性能。第 1 种发射方案为传统发射方案，仅采用一个发射阵元；第 2 种和第 3 种发射

方案分别采用 3 阵元和 5 阵元的瞬变电磁发射阵列，并根据 UPC-SMF 方法计算其发射电流；最后 2 种发射方案同样采用 3 阵元和 5 阵元的瞬变电磁发射阵列，其发射电流是由 PC-SMF 方法计算的。5 种发射方案的磁场分布对比如图 3-13 所示。

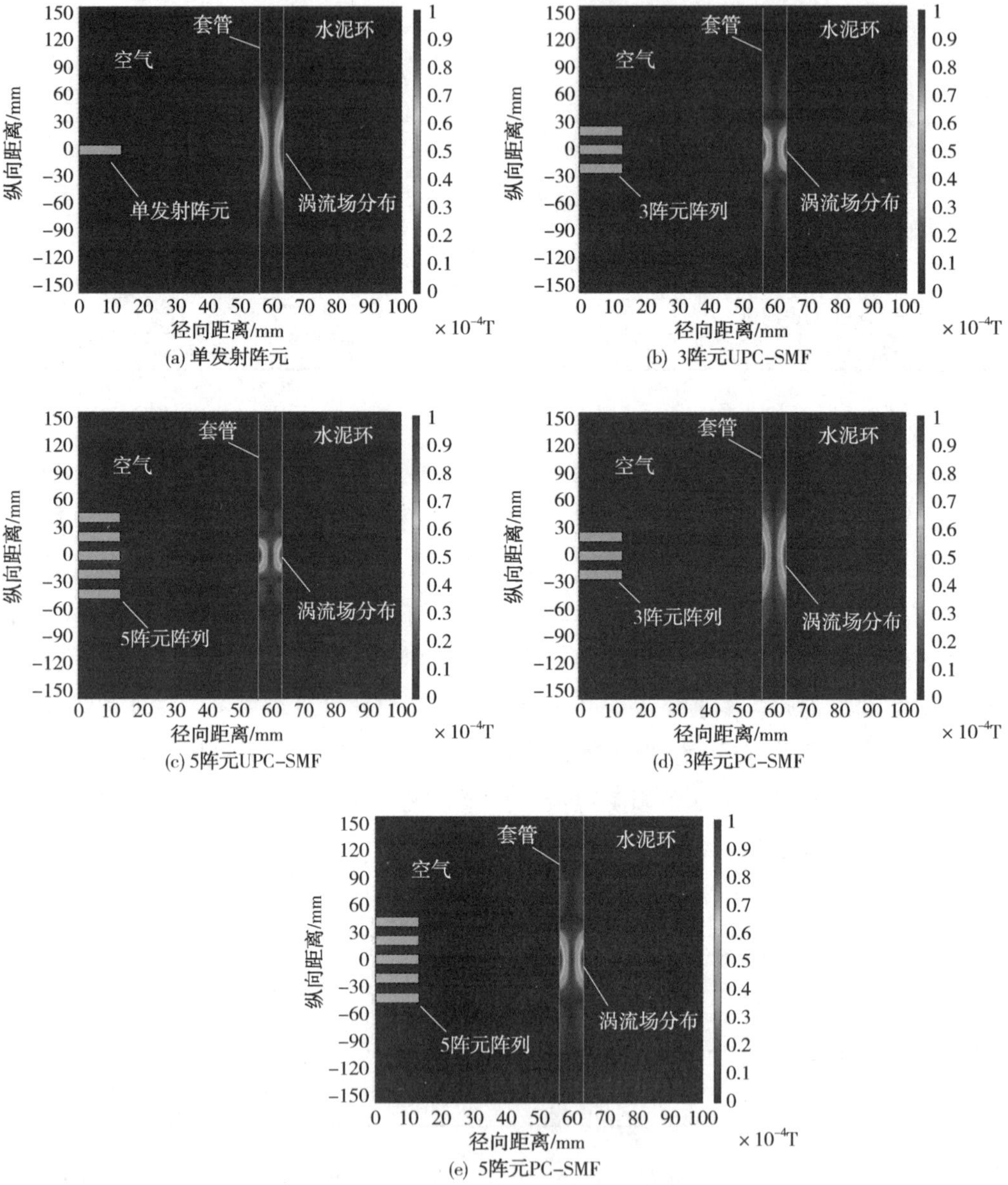

(a) 单发射阵元　(b) 3阵元UPC-SMF　(c) 5阵元UPC-SMF　(d) 3阵元PC-SMF　(e) 5阵元PC-SMF

图 3-13　关断时间后 10ms，5 种发射方案的磁场分布对比

如图 3-13 所示，在不同的径向距离 r 处纵向磁场的分布不同，合成磁场聚焦方法都能够使纵向磁场分布显著变窄。为了进一步分析对比磁场聚焦性能，图 3-14以径向距离 r 为 63.5mm(套管外径)为例，展示了 5 种发射方案下的归一化纵向磁场分布。本书将沿井轴方向(纵向)上 2 个-3dB 点($\eta/\sqrt{2}$)的距离定义为纵向磁场分布的主瓣宽度，用以评估磁场的聚焦性能。如图 3-14 所示，5 种发射方案的主瓣宽度分别为 50.4 mm(单发射阵元)、44.6 mm(3 阵元 PC-SMF)、35.6 mm(5 阵元 PC-SMF)、29.4 mm(3 阵元 UPC-SMF)和 21.4 mm(5 阵元 UPC-SMF)。显然，磁场聚焦方法的主瓣宽度比传统的单发射阵元更窄。由于没有电流大小的限制，UPC-SMF 方法的主瓣宽度要小于 PC-SMF 方法。通过对比还可以看出，同样方法下，5 阵元阵列的主瓣宽度比 3 阵元阵列更窄。图 3-15 比较了不同采样时刻下磁场在套管外径处的纵向磁场分布。从图 3-15 中可以看出，随着时间的增加，涡流场的扩散效应使主瓣宽度逐渐变宽，但 PC-SMF 方法的主瓣始终比传统的单发射阵元更窄。

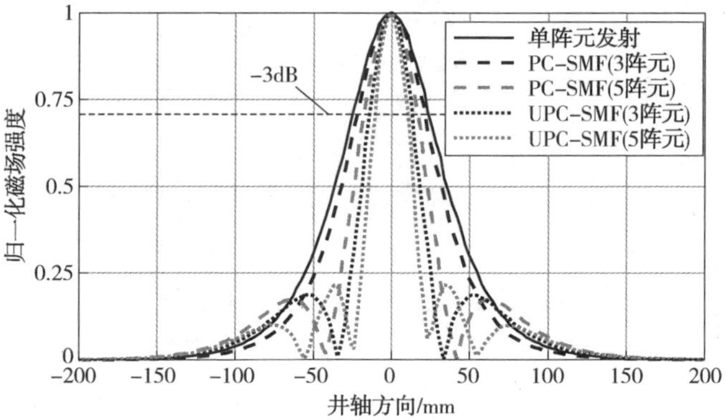

图 3-14　5 种发射方案下套管外半径处沿井轴方向的归一化磁场分布

为了进一步验证瞬变电磁发射阵列 PC-SMF 方法的性能，采用 25 个巨磁阻(GMR)传感器组成观测阵列进行现场实验，其中观测阵列的中间阵元与发射阵列的中心阵元位于同一深度。实验装置结构如图 3-16 所示，其中发射阵列的参数与本小节的仿真参数相同。实验中使用的金属套管外径为 127mm，壁厚为 7.52mm，GMR 传感器型号为美国明尼苏达州 NVE 公司的 AAH002-02。由于井下瞬变电磁信号模型为圆周对称的多层圆柱结构，因此圆周上的磁场相同，只需要在一个角度上沿井轴方向布置传感器阵列即可测量磁场的分布状态。使用如图

3-16 所示的 GMR 观测阵列，图 3-17 比较了不同发射方案和不同采样时刻下的磁场分布。需要注意的是，由于 GMR 传感器是全极性的，这意味着其输出对正负磁场极性都同样敏感，且输出都为正电压，因此测量到的数据为归一化磁通密度模。与图 3-15 中的仿真结果类似，PC-SMF 方法的主瓣在实验中也比单个发射阵元更窄，说明其可以将发射能量更窄地集中在 GMR 阵列的中心位置。此外，由于 GMR 传感器的封装尺寸等原因，GMR 传感器只能紧密安装在套管外壁上，其测量的磁场分布与套管外壁处的磁通密度存在一定的误差，但并不影响对 PC-SMF 方法聚焦性能的评价。

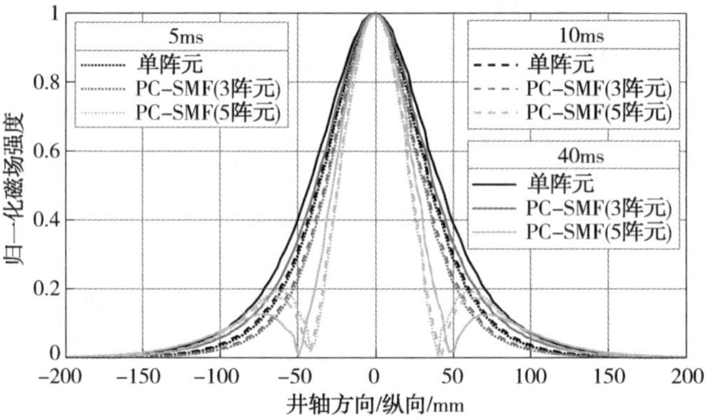

图 3-15 不同采样时刻下套管外半径处沿井轴方向的归一化磁场分布

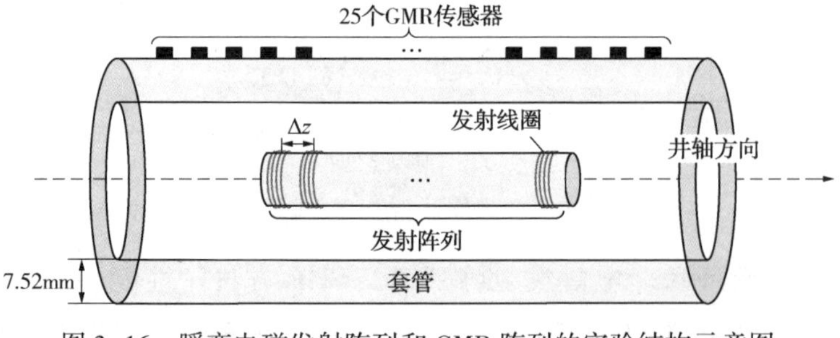

图 3-16 瞬变电磁发射阵列和 GMR 阵列的实验结构示意图

考虑到井下探测所面临的特殊应用场景，出于安全考虑和环境限制，井下探测系统用于发射、检测、数据传输等的总功率应控制在一定范围内。此外，井下的高温环境也大大降低了发射线圈的安全电流，使每个阵元的发射功率也受到了限制。因此井下探测系统的发射总功率和每个阵元的发射功率都应限制在一定阈值内。在这种情况下，相比于单个发射阵元，发射阵列不仅能够提高发射磁场的强度，还能够控制磁场分布，实现磁场聚焦，为特定条件的井下探测系统创造一些潜在的性能优势。在上述的仿真和实验中，设定的期望磁场强度 η 在只有一个发射阵元的条件下也能够达到。

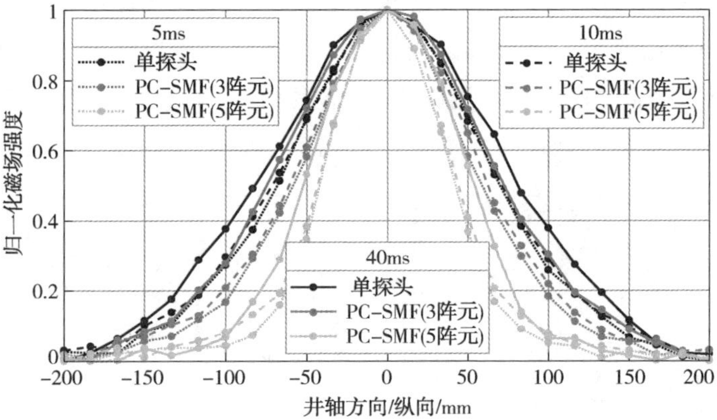

图 3-17　不同发射方案和不同采样时刻下的归一化磁场分布对比

为了进一步分析本书所介绍方法的聚焦性能，在图 3-18 中仿真对比了期望磁场强度 η 和磁场主瓣宽度的关系。如图 3-18 所示，在不同期望磁场强度 η 下，对比了传统单发射阵元的主瓣宽度与 UPC-SMF 方法和 PC-SMF 方法发射阵列的主瓣宽度，其中，所有发射阵元的仿真参数与上述仿真实验相同（图 3-13～图 3-17）。从图 3-18 中可以看出，由于 UPC-SMF 方法没有功率约束，无论期望磁场强度 η 为何值，主瓣宽度都是常数，其主瓣宽度都比传统的单发射阵元的主瓣宽度窄，且主瓣宽度会随着发射阵列阵元数的增加而逐渐缩小。相反，在 PC-SMF 方法的功率约束下，发射磁场分布与期望磁场强度 η 密切相关。一方面，PC-SMF 方法能达到的最大磁场强度受到了功率约束的限制。由于总功率约束的限制，瞬变电磁发射阵列最大磁场强度不能超过 3.81×10^{-4}T。当期望磁场强度 $\eta=1.38\times10^{-4}$T 时，由于功率限制，3 阵元发射阵列在使用 PC-SMF 方法时的主瓣宽度与传统单发射阵元的主瓣宽度相等（图 3-18 点 a），其中具有 3 个阵元的发射电流分别为 $I_1=0$A、$I_2=1$A、$I_3=0$A。类似地，在点 b 处，5 个阵元的发射阵列在使用 PC-SMF 方法时各阵元的发射电流分别为 $I_1=0$A、$I_2=1$A、$I_3=1$A、$I_4=1$A、$I_5=0$A。由于功率限制，在点 c 处发射阵列中间的 5 个发射阵元的发射电流均为 1A，而其他发射阵元均为 0A。另一方面，使用 PC-SMF 方法的发射阵列的主瓣宽度随着期望磁场强度 η 的增大而增加。这是因为 PC-SMF 方法本质上是在瞬变电磁发射阵列发射磁场的聚焦效果和磁场强度之间的折中设计。通过给发射阵列的不同阵元施加不同大小和不同方向的发射电流，磁场更窄地聚焦在发射阵列中心的同时，整体磁场强度也减小了。如图 3-18 所示，当期望磁场强度 $\eta>1.38\times10^{-4}$T 时，在功率约束下传统单发射阵元的磁场强度已经不能满足要求，而发射阵列借助多个发射阵元还能进一步提高磁场强度。而当期望磁场强度 $\eta<1.38\times10^{-4}$T 时，采用 PC-SMF 方法的发射阵列的主瓣宽度也比传统的单发射阵元窄，并且随着发射阵列中发射阵元数的增加，主瓣宽度逐渐减小。

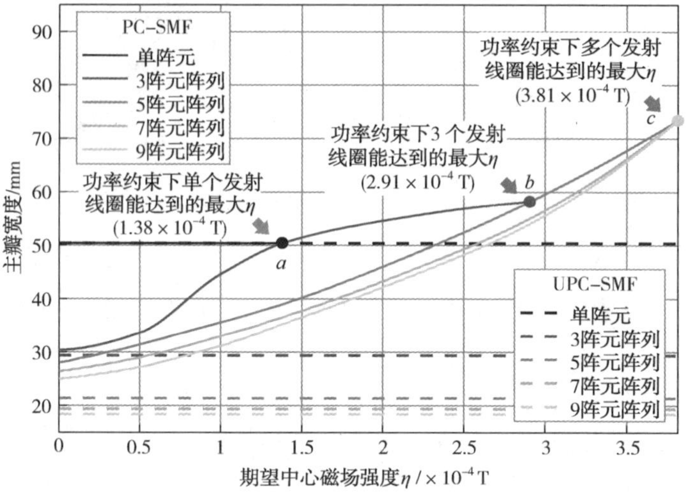

图 3-18　不同发射方案下磁场分布主瓣宽度与期望中心磁场强度 η 的关系

瞬变电磁发射阵列和瞬变电磁接收阵列在原理、结构、信号模型和应用环境上既有相同点又有不同点。瞬变电磁发射阵列和瞬变电磁接收阵列的原理相同，都是基于电磁感应原理，因此其感应信号中收发距离的影响也同样存在。幸运的是，二者的信号模型类似，瞬变电磁发射阵列可以借鉴本书第 2 章介绍的瞬变电磁接收阵列的基于 LCMV 收发距离拟合加权方法，通过加权消除收发距离的影响，这也为后续第 5 章即将介绍的 MIMO 瞬变电磁阵列信号处理提供了理论支撑。不同的是，通过对瞬变电磁发射阵列信号模型进行推导发现，各阵元的发射电流就是对发射阵列的天然加权，因此通过调整发射电流即可实现发射阵列加权。此外，与接收加权不同，发射电流加权作为激励还可以改变发射磁场的分布，实现磁场聚焦，提高探测性能。但是发射电流加权相对于接收加权也存在很多限制，如受到发射系统功率、发射线径和探测环境温度等参数的限制，不能随意增加。

第 4 章　电磁发射阵列优化设计方法

4.1　电磁发射阵列设计概述

4.1.1　阵列设计的必要性与难点分析

第 3 章介绍了瞬变电磁发射阵列井下探测系统的发射聚焦探测方法。该方法通过为发射阵列中的每一个阵元施加不同的发射电流，巧妙地利用了电流对电磁场的调控作用，进而实现信噪比最大化以及磁场聚焦等指标。对于井下探测工作而言，信噪比最大化意味着能够在复杂且充满干扰的井下环境中，更清晰准确地接收到来自目标地层的微弱电磁信号，减少信号失真和噪声的干扰，从而提高探测数据的准确性和可靠性。而磁场聚焦则可以将电磁能量集中在特定的探测区域，就如同给探测工作配备了一个精准的“放大镜”，有助于更细致地分析目标地层的地质结构、资源分布等情况，对在井下精准、有效的探测工作有着至关重要的意义。

从理论上来说，增加发射阵列中的阵元数量是一种提升整体性能的直观方式。因为更多的阵元意味着可以带来更为丰富的发射加权自由度，使我们在调控电磁场时拥有更多的操作空间，进而有望提升阵列增益，优化探测效果，获取更丰富、精确的地层信息。但在实际操作过程中，阵元数量的增加却像是一把“双刃剑”，在带来性能提升的同时，也引发了一系列错综复杂且极具挑战性的难题，这些难题从多个方面对系统的可行性和实用性构成了严重威胁。

1）在阵列信号处理这一关键环节上，阵元数量的增加会导致权矢量的维数呈现出急剧上升的态势。权矢量作为描述阵元之间相互关系以及信号处理的重要数学工具，其维数的增加意味着整个信号处理过程中需要考虑和计算的因素呈几何级数般增长。对于瞬变电磁发射阵列井下探测系统来说，情况更为严峻。因为每一个独立的权系数都对应着一个单独的发射电路（如 H 桥电路），负责完成瞬变电磁信号的发射工作。这就意味着，随着阵元数的增加，需要配备数量庞大的发射电路，而这些电路之间并非简单的累加关系，它们相互之间的电磁耦合、信号同步以及参数协调等问题会变得极为复杂，使得整个系统的复杂度急剧攀升至一个极为棘手的高度，为系统的稳定性和可靠性带来了严峻的挑战。

2）硬件成本也是一个不容忽视的重要因素。阵元数量的增加必然需要更多的硬件设备支持其运行，除上述提到的发射电路外，还涉及与之配套的电源供应、散热系统、信号传输线路以及各种控制模块等诸多硬件。这些硬件的增加不仅意味着直接采购成本大幅攀升，还会造成后续维护、升级等一系列间接成本的增加。而瞬变电磁井下探测系统由于其特殊的工作环境和应用需求，往往对成本有着较为严格的把控，过高的成本投入会使得整个项目在经济可行性方面面临巨大压力，甚至可能导致项目因为预算超支而无法顺利实施，严重影响了其在实际应用中的可行性和推广价值。

3）多个发射电路同步激励的难度也会随着阵元数的增加而显著增大。在瞬变电磁信号发射过程中，各个发射电路需要在精确的时间点按照特定的顺序和强度协同工作，才能保证整个发射阵列所产生的电磁场符合预期的设计要求，实现诸如磁场聚焦等性能指标。然而，随着阵元数的增加，要确保每一个发射电路都能精确无误地与其他电路实现同步，就如同要让众多舞者在没有指挥的情况下精准地完成一场复杂的舞蹈表演一样困难，这在技术实现层面无疑是一个巨大的挑战，任何微小的同步误差都可能导致整个电磁场的分布出现偏差，进而影响探测效果。

4）井下环境的特殊性给电磁发射阵列设计带来了诸多限制。有限的井眼空间就像是一条狭窄的通道，对井下工具的尺寸有着严格的限制，而复杂的井筒状况，如井筒的弯曲、不规则形状以及可能存在的各种障碍物等，又对井下工具的通过性提出了严苛的要求。这就意味着所设计的电磁发射阵列必须在保证性能的前提下，尽可能地缩小其整体尺寸、简化结构，以确保井下工具能够顺利通过井筒到达目标探测区域。但阵元数的增加往往伴随着系统结构的复杂性和体积的增大，这与井下环境的要求背道而驰，所以在这样的特殊环境下，单纯依靠增加阵元数来提升性能的方式显然是行不通的，这进一步凸显了对电磁发射阵列进行优化设计的必要性，迫切需要找到一种既能保障必要的探测性能，又能有效克服上述诸多难题的创新性设计方法，以满足井下探测以及其他复杂应用场景的实际需求。

4.1.2　常用的阵列设计方法

针对电磁发射阵列的设计实践与研究探索，形成了多种常用的设计方法，每种方法都各有特点，适用于不同的应用场景与需求条件。传统一般采用均匀布阵与固定加权方式，在这种传统的设计思路下，发射阵列中的阵元按照固定的间距以及布局模式进行排列，并且每个阵元所被施加的加权系数也是固定的。这种方法的优势在于其设计过程相对简单，易于理解和实施，在对电磁发射阵列性能要求不高、应用环境相对单一稳定的场景中，能够较为便捷地搭建起满足基本需求的电磁发射阵列系统。例如，在一些近距离、对探测精度要求相对宽松的小型电磁探测应用场景中，采用均匀布阵与固定加权的方式构建发射阵列，就可以胜任基本的信号发射任务，而且其硬件成本也相对较低，具有一定的实用性和经济性。

然而，随着各领域对电磁发射阵列性能期望的不断提高，该传统方法的局限性也日益凸显。由于其布阵和加权方式均为固定设置，很难根据实际探测目标、环境变化等情况灵活调整，所以在面对诸如需要实现 SNR 最大化、磁场聚焦等较为复杂且精细化的高性能指标要求时，就显得力不从心，难以满足现代多样化应用场景下的复杂探测需求。

发射电流加权方法通过为每个阵元施加不同的电流权重，能够依据具体的探测目标以及所处的实际环境状况，动态灵活地对发射信号的特征进行调整，进而实现诸如 SNR 最大化、磁场聚焦等关键性能的优化提升。从理论上来说，这为改善电磁发射阵列的整体性能提供了一种有效的途径。不过，该方法在实际应用过程中也面临诸多制约因素，其对硬件设施的要求较高，需要配备大量能够精确调控电流的设备，同时计算资源的消耗也随着阵元数量增加而迅速增大，并且容易受到成本、系统复杂度以及井下等特殊应用环境的限制，在实际运用时需要谨慎权衡其利弊，综合考虑各方面因素后再做决策。

在相控阵雷达中，为了达到天线增益和波束宽度的要求，往往需要数百个甚至上千个阵元组成大孔径相控阵雷达。为了降低其硬件成本和实现难度，常采用子阵划分技术。具体而言，就是将所有的阵元按照实际需求，合理地划分为不同的子阵，同一个子阵内的阵元共用一个激励模块，通过对每个子阵施加不同的发射激励来实现加权效果。这种子阵划分技术具有多方面优势，它能够有效减少发射电路的数量，从而降低硬件成本，同时降低了整个发射系统的复杂度，并且在一定程度上能够加快计算速度，提高系统的运算效率。

不过，子阵划分技术也并非完美无缺，它在应用过程中会因降低通道数而损失部分系统自由度，可能对整体性能会产生一定影响。因此，在运用该方法时，如何准确地求解子阵级的发射加权矢量以及精心选择合适的子阵划分方案，便成为优化设计电磁发射阵列过程中需要重点攻克的关键问题，需要深入研究并综合权衡各方面因素，以确保在发挥其优势的同时，尽可能降低对整体性能的不利影响。

4.2 基于子阵划分的阵列优化设计方法

4.2.1 发射阵列子阵划分信号模型

对于大型阵列雷达系统，如地基反导雷达、舰载预警雷达、机载预警雷达等，在阵元级进行阵列信号处理非常困难且并不必要，往往采用子阵划分技术来降低系统复杂度和运算量，提高实时性。子阵划分技术将一个或多个阵元划分为一个子阵，对划分后的多个子阵进行信号处理，每个子阵中阵元的处理方式相同，从而降低了系统复杂度和运算复杂度，是一种有效的折中方案。子阵划分的方法有很多，如图 4-1 所示，根据子阵数阵元数的不同，可分为均匀子阵划分、非均匀子阵划分；根据一个阵元能否重复划分到不同的子阵中，又可以分为重叠子阵划分和不重叠子阵划分。

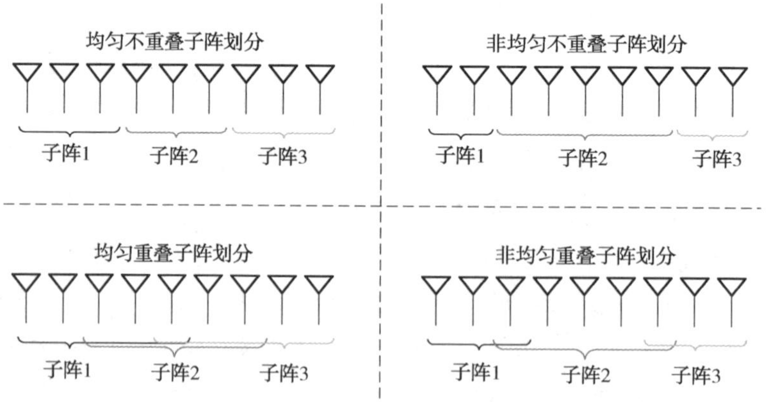

图 4-1　典型的 4 种子阵划分方案

受限于井下空间狭小的特殊应用场景，瞬变电磁发射阵列井下探测系统非常需要降低系统复杂度，减少发射电路的数量。为了实现瞬变电磁发射阵列系统的小型化，提高瞬变电磁发射阵列井下探测系统的实用性，本小节介绍一种基于子阵划分的瞬变电磁发射阵列的优化设计方法。针对瞬变电磁发射阵列的应用特点，采用非均匀不重叠的子阵划分方法，其具体的阵列设计方法如图 4-2 所示。为了使瞬变电磁发射阵列能够更加适用于井下探测系统，本节介绍的瞬变电磁发射阵列子阵设计方法将 M 个发射阵元划分为 G 个子阵，其中每个子阵使用相同的发射权系数(发射电流)，这样每个子阵中的所有发射阵元可以共用一个发射电路。图 4-2 显示了将 9 个发射阵元分成 5 个子阵的发射阵列子阵划分结构，这时，发射阵列的权矢量可重写为：

$$\mathbf{i} = [I_{S,1} \cdots I_{S,1}\ I_{S,2} \cdots\ I_{S,2} \cdots\ I_{S,G} \cdots\ I_{S,G}]^{T}_{M\times 1} \tag{4-1}$$

式中，$I_{S,g}$为第 g 个子阵中各发射阵元共用的发射电流。

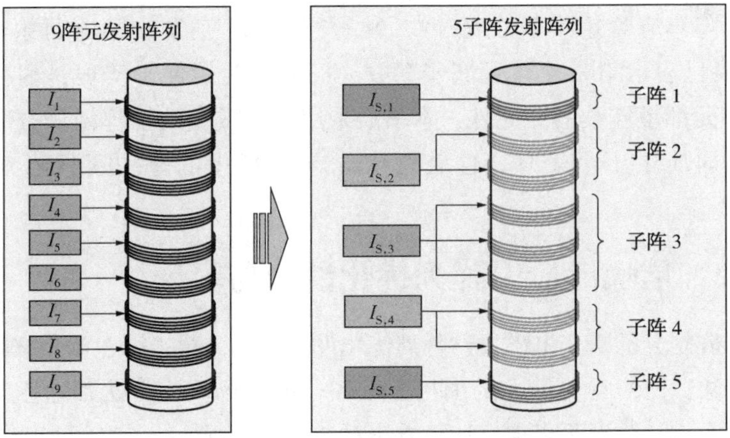

图 4-2　瞬变电磁发射阵列子阵划分结构图

考虑到井眼尺寸的物理限制，发射阵列一般都为如图 4-2 所示的纵向均匀线阵，当发射阵列太长时，距离接收线圈较远的发射阵元对响应信号的影响很小。假设阵元间距固定，那么随着阵元数的增加，发射阵列的长度也在增加，两侧的阵元对响应信号的影响会越来越小。选择合适的阵列长度、阵元数量和阵元间距对阵列的设计也很重要。本小节介绍的子阵划分方法旨在确定好阵列结构(阵元间距、阵元数量和阵列长度)后，选择最优的子阵划分方案。对式(4-1)进行拆分，则发射加权矢量可重写为：

$$\mathbf{i}^{\mathrm{T}}=\mathbf{i}_{\mathrm{S}}{}^{\mathrm{T}}\mathbf{Y} \tag{4-2}$$

$$\mathbf{i}_{\mathrm{S}}=[I_{\mathrm{S},1}\ I_{\mathrm{S},2}\cdots\ I_{\mathrm{S},G}]_{G\times 1}^{\mathrm{T}} \tag{4-3}$$

$$\mathbf{Y}=\begin{bmatrix} \underbrace{1\cdots1}_{c_1} & 0\cdots0 & \cdots & 0\cdots0 \\ 0\cdots0 & \underbrace{1\cdots1}_{c_2} & \cdots & 0\cdots0 \\ \vdots & \vdots & \ddots & \vdots \\ 0\cdots0 & 0\cdots0 & \cdots & \underbrace{1\cdots1}_{c_G} \end{bmatrix}_{G\times M} \tag{4-4}$$

式中，$\mathbf{i}_{\mathrm{S}}$ 为每个子阵的发射电流组成的子阵维发射加权矢量；c_g 为第 g 个子阵中发射阵元的数量。

通过 $\mathbf{Y}$ 即可描述子阵划分的方案，其中，M 个发射阵元对应着矩阵 $\mathbf{Y}$ 的 M 列，G 个子阵对应着矩阵 $\mathbf{Y}$ 的 G 行。令 $y_{g,m}$ 表示矩阵 $\mathbf{Y}$ 中第 g 行第 m 列元素，当 $y_{g,m}=1$ 时，表示第 m 个阵元属于第 g 个子阵。为了便于实现，本书假设每个子阵中的阵元都是连续的。此外，本书还采用了不重叠的子阵划分方案，即每个阵元只能同时属于 1 个子阵，这就意味着矩阵 $\mathbf{Y}$ 中的每一列只能有 1 个元素为 1。

4.2.2 信噪比最大阵列优化设计与验证

基于子阵划分的瞬变电磁发射阵列优化设计方法，对于第 3 章介绍的梁洪发射阵列加权方法，即信噪比最大的加权方法和合成磁场聚焦方法都适用。在本小节中，将采用 LCMV 收发距离拟合加权方法对各子阵进行加权，介绍基于 MMSE 准则的瞬变电磁发射阵列子阵划分优化设计方法并基于此方法寻找最优的子阵划分方案。以图 4-2 采用的信号模型为例，当采用矩阵 $\mathbf{Y}$ 表示的子阵划分方案时，子阵级加权后的输出信号可将式(4-2)代入式(3-12)得到：

$$U(\mathbf{i}_{\mathrm{S}},\ \mathbf{Y},\ t,\ \mathbf{d},\ x)=\chi\,\mathbf{i}_{\mathrm{S}}{}^{\mathrm{T}}\mathbf{Y}\mathbf{X}(\mathbf{d})\mathbf{k}^{\mathrm{T}}(t,\ x)+\mathbf{i}_{\mathrm{S}}{}^{\mathrm{T}}\mathbf{Y}\mathbf{n}(t) \tag{4-5}$$

将式(4-5)代入式(3-24)可以得到子阵级的 LCMV 准则为：

$$\min_{\mathbf{i}}\ \mathbf{i}_{\mathrm{S}}{}^{\mathrm{T}}\mathbf{R}_{\mathrm{Y}\hat{\mathrm{U}}}\mathbf{i}_{\mathrm{S}} \qquad \text{s.t.}\quad \mathbf{i}_{\mathrm{S}}{}^{\mathrm{T}}\mathbf{Y}\mathbf{X}(\mathbf{d})=\mathbf{v}^{\mathrm{T}}(0) \tag{4-6}$$

式中，$\mathbf{R}_{\mathrm{Y}\hat{\mathrm{U}}}$ 为 $\hat{\mathbf{u}}_{\mathrm{Y}}(\mathbf{Y},\ t,\ \mathbf{d},\ x)=\mathbf{Y}\mathbf{b}(t,\ \mathbf{d},\ x)+\mathbf{Y}\mathbf{n}(t)$ 的自相关矩阵。

同样利用拉格朗日乘子法，可求得式(4-6)的最优解为：

$$\mathbf{i}_{S-LCMV}(\mathbf{Y})=\mathbf{R}_{\mathbf{Y}\hat{\mathbf{U}}}^{-1}\mathbf{X}(\mathbf{d})\left[\mathbf{X}^{T}(\mathbf{d})\mathbf{R}_{\mathbf{Y}\hat{\mathbf{U}}}^{-1}\mathbf{X}(\mathbf{d})\right]^{-1}\mathbf{v}(0) \tag{4-7}$$

通过子阵划分方法可以显著降低瞬变电磁发射阵列的系统复杂度和工具尺寸，然而，也会不可避免地造成性能损失。由于不同的子阵划分方案可能导致不同的探测性能，因此需要合理设计子阵划分方案，在独立发射权数量和性能损失之间找到一个平衡点。在本小节中，使用 MSE 作为子阵划分方案设计的选择标准，其表达式为：

$$\mathrm{MSE}(\mathbf{Y})=E\{U(\mathbf{i}_{S-LCMV},\ \mathbf{Y},\ t,\ \mathbf{d},\ x)-\chi\,\mathbf{v}^{T}(0)\mathbf{k}(t,\ x)\} \tag{4-8}$$

虽然 MSE 准则在一定程度上可以等效于 LCMV 准则，但是由于子阵划分会减少发射权矢量的维数，也会降低高斯-勒让德积分代数精度，增大近似误差，且不同的子阵划分方案能达到的 MSE 也不同。可以以 MMSE 为准则，寻找最优的子阵划分方案，即：

$$\min_{\mathbf{Y}}\ \mathrm{MSE}(\mathbf{Y}) \tag{4-9}$$

遗憾的是，式(4-9)的优化问题涉及矩阵 $\mathbf{Y}$ 的列数以及具体的划分方式等多个变量，其最优值的求解非常困难。但由于井下仪器空间和绕制工艺等原因，瞬变电磁发射阵列的总阵元数和子阵数一般不会太多，可以通过遍历的方式找到最优的子阵划分方案。具体的设计流程如图 4-3 所示。

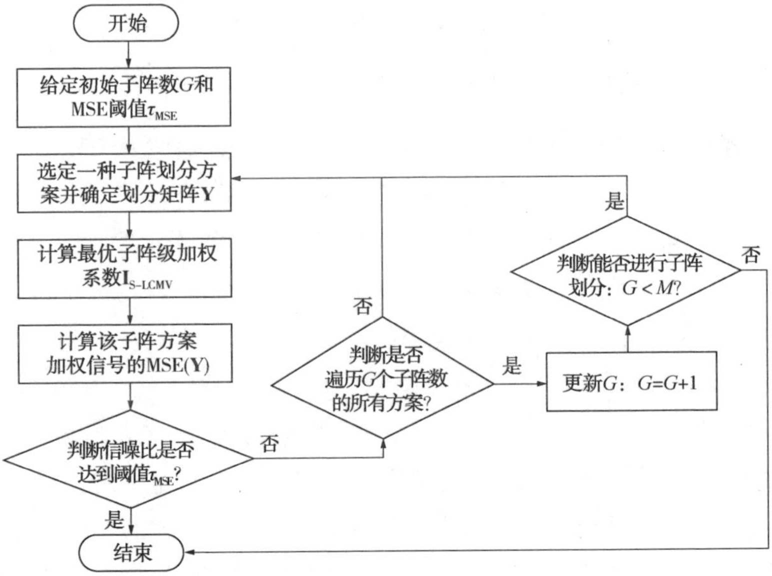

图 4-3　基于 MMSE 准则的瞬变电磁发射阵列子阵划分优化设计流程

为了验证基于 MMSE 准则的瞬变电磁发射阵列子阵划分优化设计方法的有效性，本小节接下来介绍以井下套管损伤检测的应用场景为例的仿真和现场实验结果。为了便于对比，本小节中实验的系统结构和实验环境与第 3 章相同，如图 3-4 和表 3-1 所示。实验采用总阵元数为 9 的瞬变电磁发射阵列，其中第 5 个发射阵元与接收线圈共置。采用标准的 5½in 套管，壁厚为 9.17mm，且分别加工了宽为 100mm 减薄 1.5mm、宽为 100mm 减薄 1.7mm 和宽为 125mm 减薄 2mm 的 3 种不同程度的损伤。将 9 个发射阵元划分为 3 个子阵，将子阵级加权的发射阵列从套管中缓慢穿过，比较不同子阵划分方式下接收线圈的感应电动势，如图 4-4 所示。

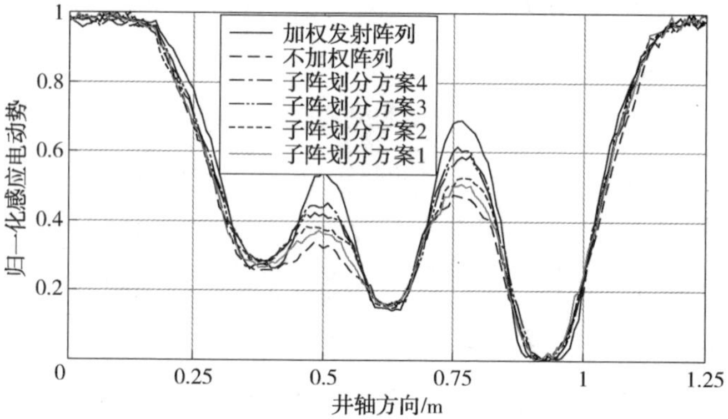

图 4-4　不同子阵划分方案下接收感应电动势对比

为了比较不同子阵划分方案的性能，将 3 个子阵分别称为子阵 A、子阵 B 和子阵 C。此外，结合本小节加权发射阵列以接收阵元为中心上下对称的阵列结构，所划分的子阵 A 和子阵 C 是对称的，即具有相同的阵元数。对于 9 个发射阵元的发射阵列共有 4 种子阵划分方案，分别称为方案 1(A：发射阵元 1，B：发射阵元 2~8，C：发射阵元 9)、方案 2(A：发射阵元 1~2，B：发射阵元 3~7，C：发射阵元 8~9)、方案 3(A：发射阵元 1~3，B：发射阵元 4~6，C：发射阵元 7~9)和方案 4(A：发射阵元 1~4，B：发射阵元 5，C：发射阵元 6~9)。图 4-4 对比了不同子阵划分方案下接收线圈的归一化感应电动势曲线。从图 4-4 中可以看出，不同的子阵划分方案下，加权感应电动势曲线的平滑程度和 3 个负波峰的区分程度都有很大区别。这说明，即使总阵元数和加权方法相同，在不同子阵划分方案下，探测性能也会不同，因此需要合理优化瞬变电磁发射阵列的子阵划分设计。此外，尽管 4 个 3 子阵划分方案下的加权发射阵列都无法达到 9 个阵元单独加权的性能，但与不加权发射阵列相比性能都有一定的提升。

为分析子阵数量对子阵划分方法性能的影响，图 4-5 比较了子阵划分方法在不同子阵数时接收线圈的归一化感应电动势，其中每个子阵数所对应的子阵划分方案为根据式(4-8)选择的能够获取最小 MSE 的子阵划分方案，子阵数为 9 时每个子阵都仅包含 1 个阵元。从图 4-5 中可以看出，随着子阵数的增加，3 个减薄损伤对应的负波峰区分得更加明显。使用更少的子阵可以减少发射电路数，使发射阵列加权更容易实现，但也会损失一定的无损检测性能。因此，子阵划分方法是在硬件复杂度和无损检测性能之间的一种折中设计方法。

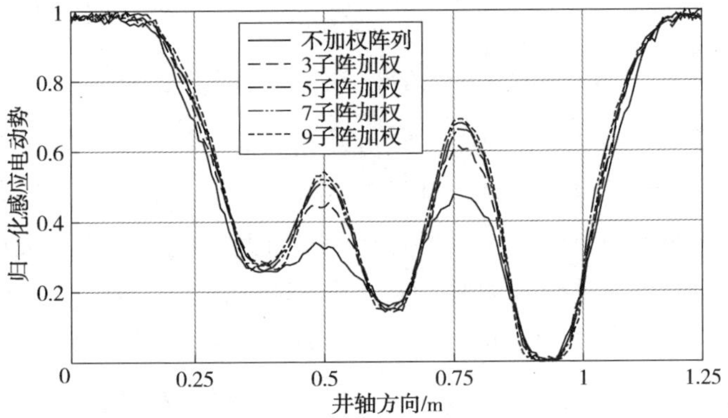

图 4-5　在不同子阵数的子阵划分方案中接收线圈的归一化感应电动势对比

为不失一般性，通过仿真对比式(4-8)中定义的均方误差进一步分析子阵数对井下套管损伤检测性能的影响。图 4-6 显示了均匀子阵划分方法和本书 4. 2. 2 节介绍的基于 MMSE 准则的瞬变电磁发射阵列子阵划分优化设计方法的归一化 MSE 与子阵总数的关系。仿真采用的阵列总阵元数为 120，阵元间隔为 0. 5cm。其他仿真参数与实验环境相同，被测套管为 5½in 标准套管，接收线圈位于发射阵列中间。发射阵列可以分为最少一个子阵，此时所有发射阵元的发射电流相同，即为不加权发射；最多可以分为 120 个子阵，此时发射阵列的每一个阵元被视为 1 个子阵。在均匀子阵划分方法中，每个子阵具有相同数量的阵元。相反，基于 MMSE 准则的瞬变电磁发射阵列子阵划分优化设计方法由于对应最优的 MSE 性能，通常每个子阵的阵元数并不相同。

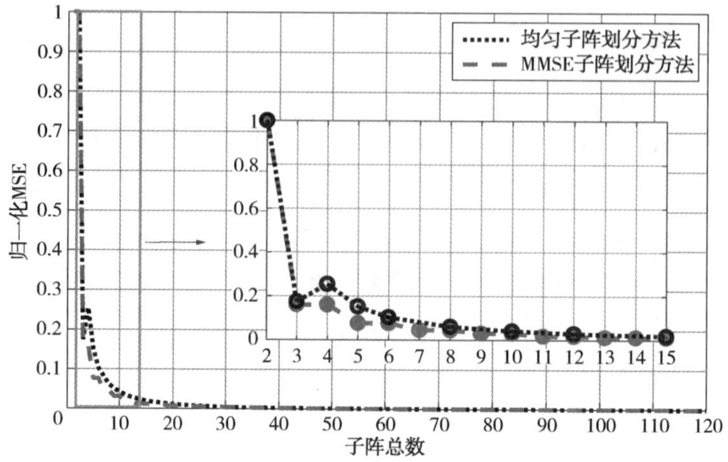

图 4-6 2 种子阵划分方法的归一化 MSE 与子阵总数的关系对比

从图 4-6 中可以看出，2 种子阵列划分方法的 MSE 都与子阵的数量成反比，当子阵的数量达到最大值 120 时，可以获得最佳性能。值得注意的是，由于接收线圈位于发射阵列中心，整个瞬变电磁阵列系统是中心对称的，因此，子阵划分方法和发射加权系数也是中心对称的。当子阵数为偶数(记为 $2L$)时，由于发射阵列加权系数的对称性，中心的 2 个子阵的加权系数相同，可以等效为 1 个子阵，相当于划分为 $2L-1$ 个子阵。因此，均匀子阵划分方法可能存在 $2L$ 个子阵的均方误差大于 $2L-1$ 个子阵的均方误差。而基于 MMSE 准则的瞬变电磁发射阵列子阵划分优化设计方法在子阵数为 $2L$ 和 $2L-1$ 时，均方误差相同。通过比较图 4-6 中的 2 条曲线可以看出，虽然均方误差曲线都随子阵数量的增加而减小，但基于 MMSE 准则的瞬变电磁发射阵列子阵划分优化设计方法能获得比均匀子阵划分方法更小的均方误差。说明通常情况下均匀子阵划分方法并不能获取最小的均方误差，需要通过基于 MMSE 准则的瞬变电磁发射阵列子阵划分优化设计方法再次优化设计发射阵列。

4.2.3 磁场聚焦阵列优化设计与验证

以基于 WMMSE 的合成磁场聚焦方法为基础，同样采用 WMMSE 准则来寻找最优磁场聚焦性能的子阵划分方案。以图 3-8 中的信号模型为例，当采用矩阵 **Y** 表示的子阵划分方案时，式(3-38)中发射磁场在各观测位置的磁场分布可重新表示为：

$$\mathbf{H}(\mathbf{i}_S, \mathbf{Y}, t, \mathbf{D}, r, h)=\zeta \mathbf{i}_S{}^{\mathrm{T}}\mathbf{Y}\mathbf{X}^{\mathrm{T}}(\mathbf{D})\mathbf{Q}_g(t, r, h) \tag{4-10}$$

此时式(3-48)中基于 WMMSE 的合成磁场聚焦方法的最优化问题更新为：

$$\min_{\mathbf{i}_S} \sigma_S(\mathbf{i}_S)=\|\mathbf{f}\circ[\mathbf{h}(\mathbf{i}_S, \mathbf{Y}, t, \mathbf{D}, r, x)-\mathbf{h}_d(t, \mathbf{z}, r)]\|_F^2 \tag{4-11}$$

类似地，将式(4-10)代入式(4-11)，式(4-11)可展开表示为：

$$\begin{aligned}\sigma_S(\mathbf{i}_S)=&E\{\mathbf{f}\circ[\mathbf{h}(\mathbf{i}_S, \mathbf{Y}, t, \mathbf{D}, r, x)-\mathbf{h}_d(t, \mathbf{z}, r)]\}^{\mathrm{T}}\cdot\\&\{\mathbf{f}\circ[\mathbf{h}(\mathbf{i}_S, \mathbf{Y}, t, \mathbf{D}, r, x)-\mathbf{h}_d(t, \mathbf{z}, r)])\}=\\&\zeta^2\mathbf{i}_S{}^{\mathrm{T}}E\{\mathbf{Y}\mathbf{X}^{\mathrm{T}}(\mathbf{D})[\mathbf{f}_g\circ\mathbf{Q}(t, r, x)][\mathbf{f}_g\circ\mathbf{Q}(t, r, x)]^{\mathrm{T}}\mathbf{X}(\mathbf{D})\mathbf{Y}^{\mathrm{T}}\}\mathbf{i}_S+\\&E\{[\mathbf{f}\circ\mathbf{h}_d(t, \mathbf{z}, r)]^{\mathrm{T}}[\mathbf{f}\circ\mathbf{h}_d(t, \mathbf{z}, r)]\}-\\&\zeta\mathbf{i}_S{}^{\mathrm{T}}E\{\mathbf{Y}\mathbf{X}^{\mathrm{T}}(\mathbf{D})[\mathbf{f}_g\circ\mathbf{Q}(t, r, x)][\mathbf{f}\circ\mathbf{h}_d(t, \mathbf{z}, r)]^{\mathrm{T}}\}-\\&\zeta[\mathbf{f}\circ\mathbf{h}_d(t, \mathbf{z}, r)][\mathbf{f}_g\circ\mathbf{Q}(t, r, x)]^{\mathrm{T}}\mathbf{X}(\mathbf{D})\mathbf{Y}^{\mathrm{T}}\mathbf{i}_S\end{aligned} \tag{4-12}$$

令 $\mathbf{R}_{\mathrm{FYXQ}}=\zeta^2E\{\mathbf{Y}\mathbf{X}^{\mathrm{T}}(\mathbf{D})[\mathbf{f}_g\circ\mathbf{Q}(t, r, x)][\mathbf{f}_g\circ\mathbf{Q}(t, r, x)]^{\mathrm{T}}\mathbf{X}(\mathbf{D})\mathbf{Y}^{\mathrm{T}}\}\in\mathrm{C}^{G\times G}$，$\mathbf{R}_{\mathrm{FYXQD}}=\zeta\mathbf{Y}\mathbf{X}^{\mathrm{T}}(\mathbf{D})[\mathbf{f}_g\circ\mathbf{Q}(t, r, x)][\mathbf{f}_g\circ\mathbf{h}_d(t, \mathbf{z}, r)]^{\mathrm{T}}\in\mathrm{C}^{G\times 1}$。与式(3-42)类似，式(4-11)的优化问题转换为计算公式(4-12)的导数如式(4-13)所示：

$$\frac{\partial\sigma_S(\mathbf{i}_S)}{\partial\mathbf{i}_S}=2\mathbf{R}_{\mathrm{FYXQ}}\mathbf{i}_S-2\mathbf{R}_{\mathrm{FYXQD}}=0 \tag{4-13}$$

对式(4-13)进行求解，可以得到基于 WMMSE 的合成磁场聚焦方法的最优发射加权矢量为：

$$\mathbf{i}_{S\text{-}SMF}=\mathbf{R}_{\mathrm{FYXQ}}^{-1}\mathbf{R}_{\mathrm{FYXQD}} \tag{4-14}$$

式中，$\mathbf{i}_{S\text{-}SMF}$为在矩阵 $\mathbf{Y}$ 代表的子阵划分方案下，能够获得与期望的磁场分布最接近的发射加权矢量。

需要注意的是，$\mathbf{i}_{S\text{-}SMF}$同样是一个关于矩阵 $\mathbf{Y}$ 的变量，随着 $\mathbf{Y}$ 的改变，$\mathbf{i}_{S\text{-}SMF}$的维数和值都会变化。将 $\mathbf{i}_{S\text{-}SMF}$改写为 $\mathbf{i}_{S\text{-}SMF}(\mathbf{Y})$，并代入式(4-9)中可以得到矩阵 $\mathbf{Y}$ 代表的子阵划分方案下，采用最优发射加权 $\mathbf{i}_{S\text{-}SMF}(\mathbf{Y})$时，发射阵列的磁场分布，可表示为：

$$\mathbf{h}_Y(\mathbf{Y}, t, \mathbf{D}, r, x)=\zeta\mathbf{i}_{S\text{-}SMF}{}^{\mathrm{T}}(\mathbf{Y})\mathbf{Y}\mathbf{X}^{\mathrm{T}}(\mathbf{D})\mathbf{Q}(t, r, x) \tag{4-15}$$

同样，式(4-14)表示的最优磁场分布只是在矩阵 $\mathbf{Y}$ 代表的子阵划分方案下能够获取的最优磁场分布，即为该方案下磁场分布的最优上限，随着 $\mathbf{Y}$ 的改变，能够达到的磁场分布的最优上限也会变化。为了获取最优的子阵划分方案，仍然采用 WMMSE 准则作为子阵划分方案的选择标准，其表达式如式(4-16)所示：

$$\min_{\mathbf{Y}} \sigma_Y(\mathbf{Y})=\|\mathrm{f}\circ[\mathbf{h}_Y(\mathbf{Y}, t, \mathbf{D}, r, x)-\mathbf{h}_d(t, \mathbf{z}, r)]\|_F^2 \tag{4-16}$$

但是式(4-16)的优化问题涉及子阵列数和划分方式 2 个变量，使得求解非常困难。由于井下仪器空间和绕制工艺等因素，瞬变电磁发射阵列的总阵元数和子阵数一般不会太多，可以通过遍历的方式找到最优的子阵设计方案。具体的步骤如图 4-7 所示。

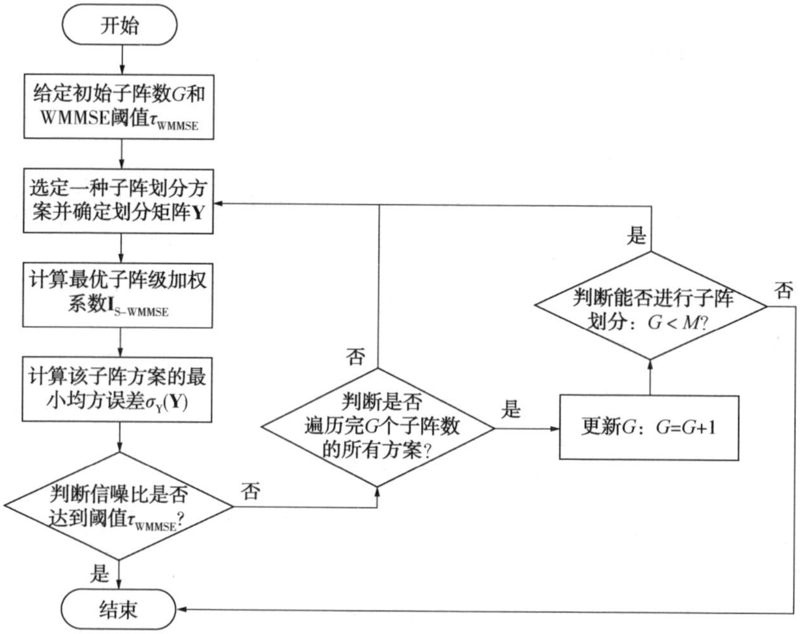

图 4-7　基于 WMMSE 准则的合成磁场聚焦发射阵列子阵划分优化设计流程

为了验证基于 WMMSE 准则的合成磁场聚焦发射阵列子阵划分优化设计方法的有效性，仿真分析不同子阵划分方案的磁场分布。仿真环境如图 4-8 所示。

如图 4-8 所示，将 9 阵元的发射阵列置于裸眼井中，地层的磁导率为 0.02S/m，每个阵元的线圈匝数为 30，线径为 0.33mm，阵元间距为 6.5cm。将 9 个发射阵元划分为 3 个子阵，比较不同子阵划分方案下的纵向磁场分布，如图 4-9 所示，其中不同子阵方案的划分方法同图 4-4。从图 4-9 中可以看出，即使同样使用基于 WMMSE 的合成磁场聚焦方法，不同子阵划分方案下的磁场聚焦性能也不同。尽管 4 种 3 子阵划分的磁场分布都无法达到 9 个阵元单独加权的聚焦效果，但是与不加权的发射阵列相比，仍有一定的提升。需要注意的是，同单阵元发射的情况相比，并不是所有的 3 子阵划分方案都有优势，因此合理地选择子阵划分方案非常重要。

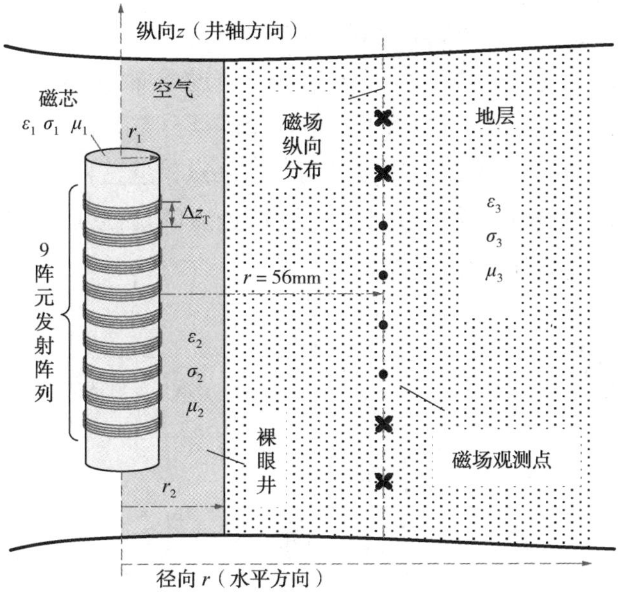

图 4-8　瞬变电磁发射阵列系统结构及仿真环境示意图

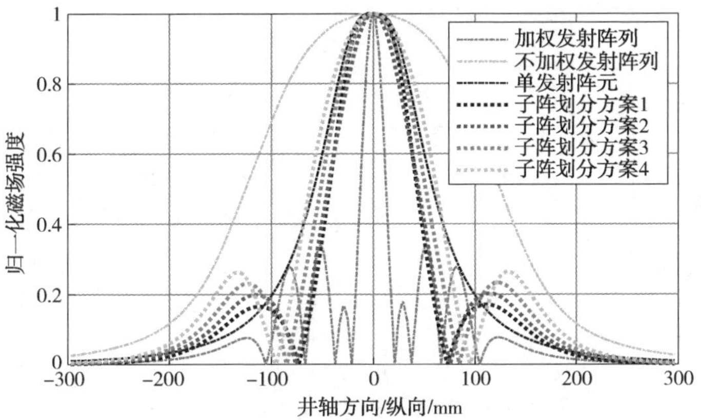

图 4-9　子阵数为 3 时不同子阵划分方案下的聚焦性能对比

为不失一般性，图 4-10 仿真对比了子阵数和子阵划分方案对聚焦性能的影响，其中，图 4-10(a) 显示了子阵数为 1～9 时各子阵划分方案的归一化加权 MSE；图 4-10(b) 选取了图 4-10(a) 各子阵数中的最优子阵划分方案，仿真了其在 r=56mm 处的磁场纵向分布。由于聚焦的位置为发射阵列中心，因此各子阵划分方案均是中心对称的。子阵数为 1 的两种子阵方案分别为图 4-9 中的不加权发射阵列和单阵元发射方案。从图 4-10(a)中可以看出，同样子阵数下不同子阵划分方案的区别很大。虽然随着子阵数的增加，通过子阵级发射加权能够达到更好的磁场聚焦性能。对于不同子阵数下的最优子阵划分方案，子阵数越多聚焦性能越好，图 4-10(b)的仿真曲线对比也说明了这一点。但这种性能的提升并非绝对的，也存在个别子阵数少的划分方案优于子阵数多的划分方案的情况，这也说明了子阵划分优化设计方法的重要性。

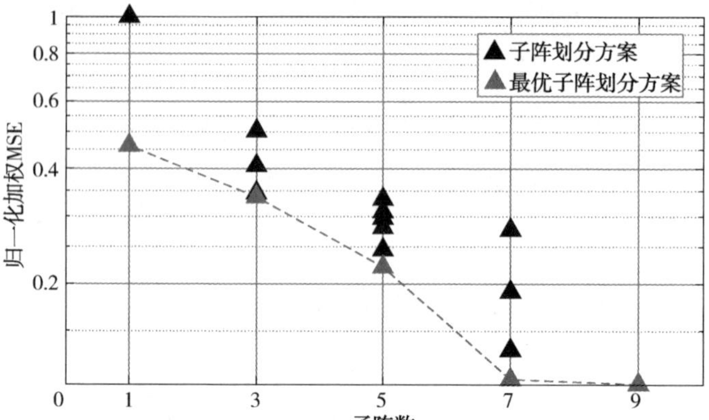

(a) 归一化MSE

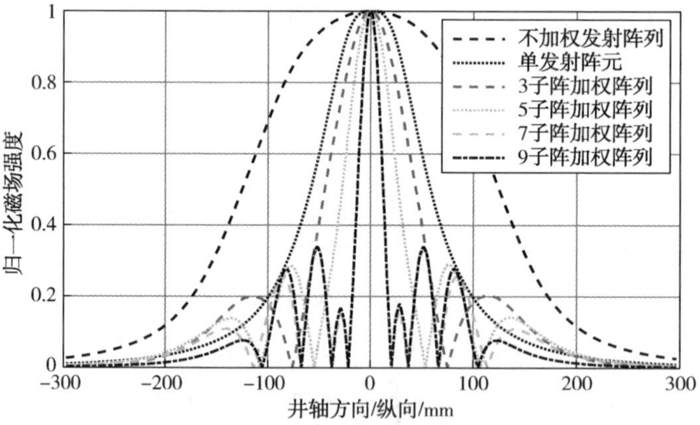

(b) 归一化磁场强度

图 4-10　不同子阵数下归一化加权 MSE 和归一化磁场强度对比

4.3　极小化发射阵列优化设计方案

4.3.1　极小化发射阵列结构

采用合成磁场聚焦方法，瞬变电磁发射阵列系统通过具有不同幅值和方向的电流可以将发射磁场聚焦到中心区域，从而大大减少磁场的纵向扩散范围。然而，不同方向和大小的多个电流需要同样个数的发射电路来激励，如此高的硬件成本和硬件复杂度使该方法难以应用于具有狭窄空间和恶劣环境的井下无损检测。利用子阵划分方法，将一个或多个发射阵元组合成一个子阵从而共用一个发射电路，可以有效降低发射电路数，但每个子阵仍然需要一个单独的发射电路，且子阵数与磁场聚焦性能有关，子阵数越少，磁场聚焦性能越差。为了进一步减少瞬变电磁发射阵列的发射电路数，本小节将介绍一种新的瞬变电磁阵列设计方法——极小化瞬变电磁合成磁场聚焦发射阵列优化设计方法，仅使用一个发射电路为发射阵列施加激励，通过设计瞬变电磁发射阵列各阵元的发射线圈匝数和绕向实现发射磁场聚焦，从而最小化发射系统的硬件需求，提高井下探测系统的通过性和适用性。

极小化瞬变电磁合成磁场聚焦发射阵列中的所有发射阵元串联，共用一个发射电路，即发射电流相同，通过设计各发射阵元的发射线圈匝数和缠绕方向(顺时针缠绕和逆时针缠绕)实现磁场聚焦，其中，相邻阵元采用的缠绕方向相反。这样，发射阵列各阵元的加权系数就变成了各阵元发射线圈的匝数和缠绕方向，其中缠绕方向表示了加权系数的正负，发射线圈的匝数表示了该阵元加权系数的大小。因此，极小化发射磁场聚焦阵列在仅使用一个发射电路的情况下也可以实现发射加权。

图 4-11 以 5 阵元为例，给出了极小化瞬变电磁合成磁场聚焦发射阵列的结构，并对比了传统瞬变电磁发射阵列，二者都能通过加权将合成磁场更窄地聚焦到特定区域上。其中，如图 4-11(a)所示，对于传统的瞬变电磁发射阵列，当给各发射阵元施加同样的电流 I_1时，会激发非聚焦的发射磁场；当通过本书 3.3 节介绍的基于 WMMSE 的合成磁场聚焦方法给各发射阵元施加不同的发射电流(分别施加 I_1、I_2、I_3、I_4和 I_5)时，发射阵列可以激发聚焦分布的磁场。但是，该方法不仅需要更多的发射电路，还要求各发射电路 H 桥和控制信号的时序保持高度一致，才能够确保各阵元的发射磁场同时激发和关闭，否则可能会造成较大的误差

从而影响聚焦效果。极小化瞬变电磁合成磁场聚焦发射阵列结构如图 4-11(b)所示，该结构将多个发射阵元进行串联并共用一个发射电路，各发射阵元采用不同的匝数和缠绕方向调整磁场分布从而实现磁场聚焦。

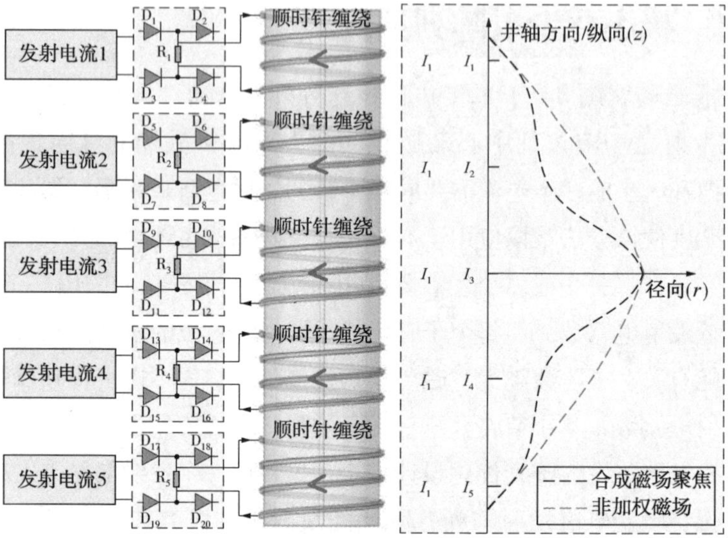

(a) 瞬变电磁发射阵列

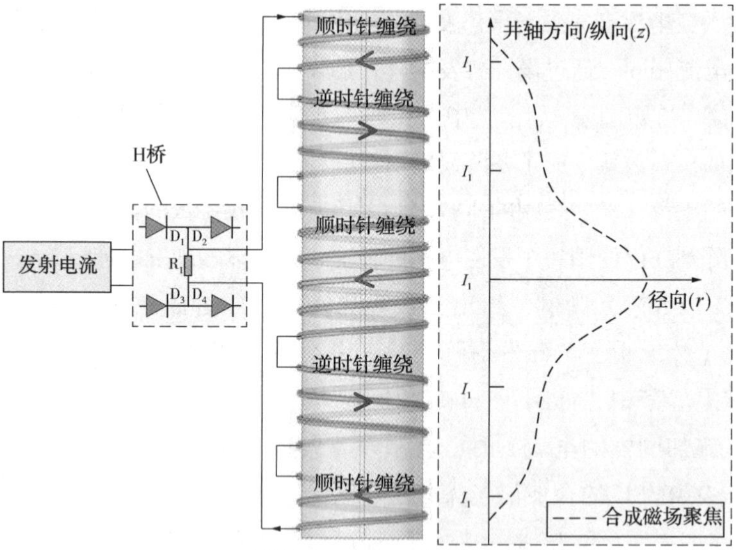

(b) 极小化瞬变电磁合成磁场聚焦发射阵列

图 4-11　极小化瞬变电磁合成磁场聚焦发射阵列结构和传统瞬变电磁发射阵列结构对比

从另一种角度来看，可以将极小化瞬变电磁合成磁场聚焦发射阵列看作一个绕制方法比较复杂的发射线圈，也可以将每一匝发射线圈看作一个阵元，则极小化发射磁场聚焦阵列可以看作一种子阵划分方式，每个子阵级的加权系数为其中阵元的个数和绕线方向。为不失一般性，极小化瞬变电磁合成磁场聚焦发射阵列假设发射线圈只有一层，这样各发射阵元的位置与每个阵元的匝数相关。如何设计各个发射阵元的线圈匝数和方向使极小化发射磁场聚焦阵列的聚焦性能最优是一个非常重要的问题。

4.3.2　极小化发射阵列信号模型

极小化瞬变电磁合成磁场聚焦发射阵列的探测模型如图 4-12 所示。令极小化瞬变电磁合成磁场聚焦发射阵列的阵元数为 M，第 m 个发射阵元的匝数为 $N_{S,m}$。不同介质呈圆柱形包裹围绕中心探头，从外到里依次为地层、水泥环、套管、空气和磁芯。假设发射线圈和接收线圈的直径足够小，则有源区仅包含第 2 层介质，其他层(水泥环和地层等)均为无源区。第 j 层介质的磁导率、电导率和介电常数分别记为 μ_j，σ_j 和 ε_j，半径记为 r_j。假设在一个测量周期中没有位移，此时第 m 个发射阵元的纵向坐标为 $z_{T,m}$。

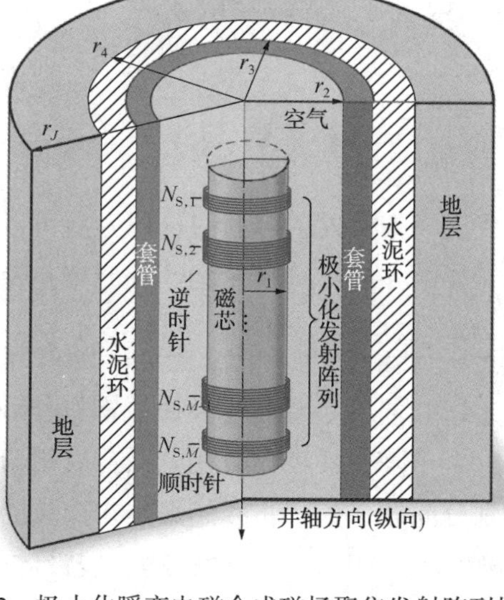

图 4-12　极小化瞬变电磁合成磁场聚焦发射阵列探测模型

假设阵列总长度固定，则线圈总匝数 K 也一定，其表达式为：

$$K = \sum_{m=1}^{M} N_{S,m} \tag{4-17}$$

发射阵列在点(r, θ, z)处激发的磁场可以表示为 K 匝线圈在该点处激发磁场的叠加，其表达式为：

$$H(\mathbf{d}, t, r, z) = \sum_{k=1}^{K} \alpha_k H_k(t, d_k, r, x) \tag{4-18}$$

式中，$\mathbf{d}=[d_1, d_2, \cdots, d_K]^{\mathrm{T}}$为 K 匝线圈到点(r, θ, z)处的纵向距离组成的矢量；$H_k(t, d_k, r, x)$为第 k 匝线圈在点(r, θ, z)处激发的磁场，据本书 3. 3 节的推导可知：

$$H_k(t, d_k, r, h) = \frac{\ln 2r_1}{\pi t}\sum_{s=1}^{S} E_s \sum_{m=1}^{M} I(s\ln 2/it)\int_0^{\infty} h(s\ln 2/it, r, x, \lambda)\cos(\lambda d_k)\mathrm{d}\lambda \tag{4-19}$$

α_k为与第 k 匝线圈的缠绕方向有关的系数，可表示为：

$$\alpha_k = \begin{cases} 1, & \text{顺时针绕向} \\ -1, & \text{逆时针绕向} \end{cases} \tag{4-20}$$

将式(4-18)转化为矩阵形式，可以得到：

$$H(\mathbf{d}, t, r, z) = \boldsymbol{\alpha} \cdot \mathbf{h}(\mathbf{d}, t, r, z) \tag{4-21}$$

$$\mathbf{h}(\mathbf{d}, t, r, z) = [H_{\mathrm{K}}(d_1, t, r, z)\ H_{\mathrm{K}}(d_2, t, r, z)\ \cdots\ H_{\mathrm{K}}(d_K, t, r, z)]^{\mathrm{T}} \tag{4-22}$$

$$\boldsymbol{\alpha} = [\alpha_1\quad \alpha_2\quad \cdots\quad \alpha_K] \tag{4-23}$$

极小化瞬变电磁合成磁场聚焦发射阵列的设计方案可以用 $\boldsymbol{\alpha}$ 表示，不同的 $\boldsymbol{\alpha}$ 代表着不同的阵列结构。如图 4-11(b)所示的 5 阵元聚焦探头的 $\boldsymbol{\alpha}$ 可以写成：

$$\boldsymbol{\alpha} = [\underbrace{1\cdots1}_{N_{S,1}}\quad \underbrace{-1\cdots-1}_{N_{S,2}}\quad \underbrace{1\cdots1}_{N_{S,3}}\quad \underbrace{-1\cdots-1}_{N_{S,4}}\quad \underbrace{1\cdots1}_{N_{S,5}}] \tag{4-24}$$

对比式(4-24)和式(4-4)可知，如将每一匝线圈看作一个阵元，每个多匝线圈组成的发射阵元看作一个子阵，极小化瞬变电磁合成磁场聚焦发射阵列的设计也可以近似为一个子阵划分问题。为了将磁场聚焦在探头的纵向中心，极小化瞬变电磁合成磁场聚焦发射阵列采用中心对称结构。假设阵元数 M 为奇数，对称的 2 个阵元的线圈匝数相同，即：

$$N_{S,m} = N_{S,M+1-m} \tag{4-25}$$

假设中心阵元的缠绕方向为顺时针，定义第 m 个阵元为 E_m，并根据缠绕方向将阵元分为顺时针方向缠绕线圈的阵元(S-element)和逆时针方向缠绕线圈的阵元(N-element)。当阵元数 M 改变时，同样序号阵元的绕线方向也会改变，例如，对于 3 阵元的阵列，第 2 个阵元的绕线方向是顺时针，但当阵元数为 5 时，第 2 个阵元为逆时针绕制。为便于理解，给出第 m 个阵元的绕线方向为：

$$E_m=\begin{cases}\text{S-element}, & \{m\text{ 为奇数}, M=3, 7, 11, \cdots\}\text{ 或 }\{m\text{ 为偶数}, M=5, 9, 13, \cdots\}\\ \text{N-element}, & \{m\text{ 为奇数}, M=3, 7, 11, \cdots\}\text{ 或 }\{m\text{ 为偶数}, M=5, 9, 13, \cdots\}\end{cases} \tag{4-26}$$

与通过控制多线圈阵列每个元件中电流的大小和方向实现磁场聚焦的方法类似，本书介绍的极小化瞬变电磁合成磁场聚焦发射阵列通过设计每个阵元的线圈缠绕方向和匝数控制磁场分布。当然，与瞬变电磁发射阵列中高度自由可调节的发射电流相比，极小化瞬变电磁合成磁场聚焦发射阵列每个阵元的匝数最小调整单元为 1，可调自由度小得多。但是，极小化瞬变电磁合成磁场聚焦发射阵列在调整不同阵元线圈匝数的同时能够改变其纵向中心位置，相比均匀分布的瞬变电磁发射阵列阵元位置固定来说，具有一些潜在的磁场聚焦性能优势，尤其是在线圈总匝数较多而阵元数较少时。此外，极小化瞬变电磁合成磁场聚焦发射阵列只需要一个发射电路即可实现磁场聚焦，可以大大降低系统复杂度和尺寸，更适合于井眼曲率较大或者环境恶劣的瞬变电磁井下探测应用环境。

4.3.3　极小化发射阵列优化设计方法

使用壁厚为 7.52mm 的 5in 标准套管和总匝数为 300 的 3 阵元极小化瞬变电磁合成磁场聚焦发射阵列，仿真模拟了在 $t=t_{\text{off}}$(关断前)时，在 $r=55.98$mm(套管内径)处不同阵列设计方案的极小化瞬变电磁合成磁场聚焦发射阵列的纵向磁场分布，如图 4-13 所示。在仿真实验中，发射线圈的半径为 12mm，发射线圈的导线直径为 0.33mm。

在图 4-13 极小化瞬变电磁合成磁场聚焦发射阵列的 3 个阵元中，第 1 个阵元和第 3 个阵元的线圈为逆时针方向缠绕，用黑色矩形标记，第 2 个阵元的线圈为顺时针方向缠绕，用灰色矩形标记。图 4-13 分别仿真模拟了当第 2 个阵元的匝数 $N_{S,2}$ 为 240(总匝数的 80%)、180(总匝数的 60%)、120(总匝数的 40%)和 60(总匝数的 20%)时，3 阵元极小化瞬变电磁合成磁场聚焦发射阵列沿套管内壁的纵向磁场分布。在仿真中，第 1 个阵元和第 3 个阵元匝数相同，为 $(300-N_{S,2})/2$。从

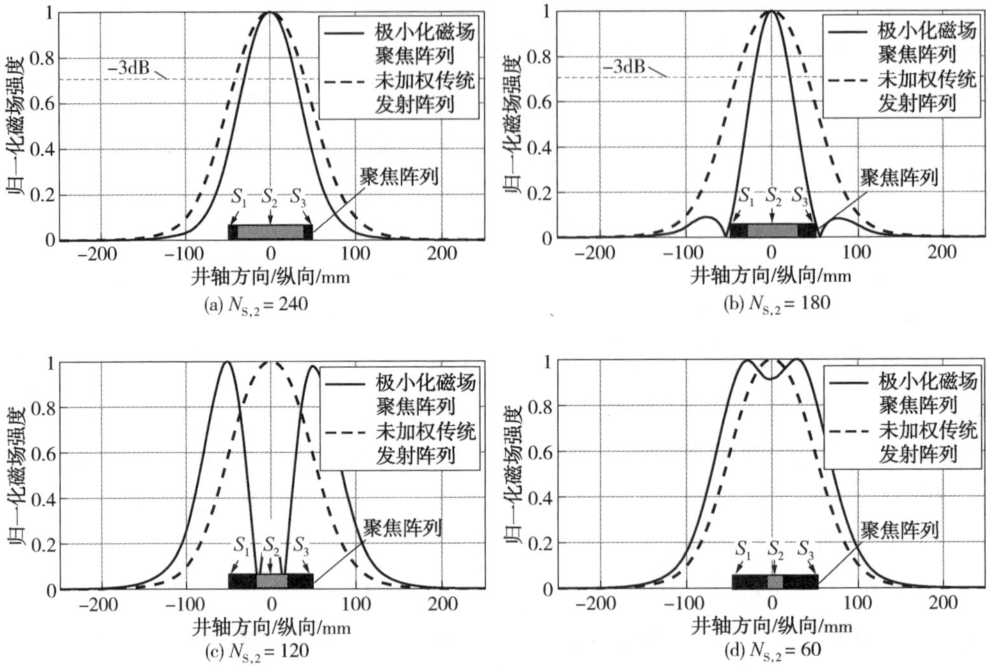

图 4-13 不同参数下 3 阵元极小化瞬变电磁合成磁场聚焦发射阵列的纵向磁场分布

图 4-13中可以很明显地看出，通过调整极小化瞬变电磁合成磁场聚焦发射阵列的设计方案，可以改变磁场的分布。为了分析磁场聚焦的性能，本书将主瓣宽度定义为-3dB 线和曲线的两个最近交点之间的距离。如图 4-13(a)所示，当 $N_{S,2}$为 240 时，极小化瞬变电磁合成磁场聚焦发射阵列可以获得比未加权发射阵列更窄的主瓣。随着$N_{S,2}$的减小，主瓣变得更窄但同时也出现了旁瓣，如图 4-13(b)所示。当 $N_{S,2}$减小到 120 时，旁瓣的高度甚至超过主瓣，如图 4-13(c)所示。此外，当 $N_{S,2}$减小到 60 时，主瓣的宽度比传统探头的宽度更宽，甚至出现了变形，如图 4-13(d)所示。因此，极小化瞬变电磁合成磁场聚焦发射阵列虽然可以获得比不加权的瞬变电磁发射阵列更窄的主瓣，但其磁场聚焦性能受阵列参数影响很大，需要进一步研究如何优化设计极小化瞬变电磁合成磁场聚焦发射阵列。

基于 WMMSE 的合成磁场聚焦方法可以达到很好的磁场聚焦性能，同样也可以用来评价优化设计极小化发射磁场聚焦阵列，但是其优化设计性能与观测位置、期望磁场和误差权矢量的选取密切相关，实现难度大。极小化瞬变电磁合成磁场聚焦发射阵列的目的是通过降低仪器的硬件复杂度缩短工具长度，从而提高通过性和稳定性，因此其线圈的总匝数和阵元数不多，这种情况下如果通过 WMMSE 准则来精准评价和选择设计方案费时费力。为了简化磁场聚焦的评价准则，丰富瞬变电磁阵列磁场聚焦的评估方法，可以通过定义一个品质因数(FoM)来评估极小化发射磁场聚焦阵列的磁场聚焦性能。通过观察图 4-13 不同的磁场分布情况可知，磁场聚焦性能与主瓣的宽度和旁瓣的高度有关。可以如式(4-27)和式(4-28)所示定义旁瓣的比率 h_s 和主瓣宽度缩减比 w_r：

$$h_s = \frac{h_{\text{side-lobe}}}{h_{\text{main-lobe}}} \tag{4-27}$$

$$w_r = \frac{w_{\text{unweighted}}\text{d} - w_{\text{focus}}}{w_{\text{unweighted}}} \tag{4-28}$$

式中，$h_{\text{side-lobe}}$ 和 $h_{\text{main-lobe}}$ 分别为旁瓣和主瓣的高度；$w_{\text{unweighted}}$ 和 w_{focus} 分别为线圈总匝数 K 的不加权均匀线性发射阵列和极小化发射磁场聚焦阵列的主瓣宽度。

为了便于对比，发射阵列均采用紧密缠绕的方式，即相邻阵元两边的线圈贴紧，如 4.3.4 节实验图 4-17 所示。h_s 和 w_r 分别表示磁场聚焦性能中与旁瓣和主瓣相关的因子，当主瓣宽度窄(w_r 数值较大)和旁瓣高度低(h_s 数值较小)时，可以达到最好的磁场聚焦性能。因此，综合这两个参数的聚焦性能，FoM 的定义如式(4-29)所示：

$$\text{FoM} = \sqrt{w_r} \cdot (1 - h_s) \tag{4-29}$$

考虑到 w_r 是一个直接影响磁场纵向分布范围的参数，通过对其开根号来增加其在 FoM 中的占比。此外，当极小化瞬变电磁合成磁场聚焦发射阵列的主瓣宽度大于未加权均匀线性发射阵列的主瓣宽度时[如图 4-13(d)所示，此时 w_r 为负]，聚焦性能太差，不在本书极小化瞬变电磁合成磁场聚焦发射阵列设计的考虑范围内，其 FoM 被认为是 0。这样，先根据仪器内部空间大小和阵列机械加工难度确定阵列的长度(总匝数)和阵元数。然后遍历所有极小化瞬变电磁合成磁场聚焦发射阵列的参数，根据计算的 FoM 值寻找到最佳设计方案。为了阐明阵列方案设计的过程，以 3 阵元的极小化瞬变电磁合成磁场聚焦发射阵列为例，仿真分析不同设计方案下的 FoM、w_r 和 h_s，如图 4-14 所示。

图 4-14 显示了 3 阵元极小化瞬变电磁合成磁场聚焦发射阵列不同设计方案下的 FoM、w_r 和 h_s，其中，仿真参数与图 4-13 中的参数相同，横轴表示第 2 个阵元线圈匝数 $N_{S,2}$ 与总匝数 300 之比。如图 4-14 所示，与图 4-13 中的现象一

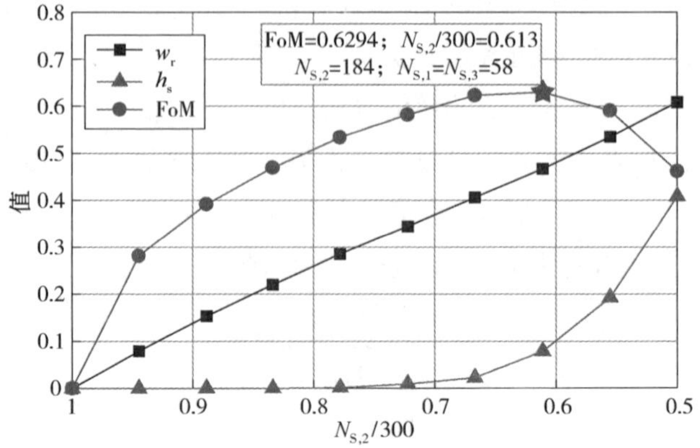

图 4-14　极小化瞬变电磁合成磁场聚焦发射阵列在不同设计方案下的 FoM、w_r 和 h_s

致，随着 $N_{S,2}$ 与总匝数之比的减小，w_r 和 h_s 都在增大，即主瓣宽度减小，而旁瓣高度增大。对于不同的极小化瞬变电磁合成磁场聚焦发射阵列设计方案，式(4-29)中的 FoM 如图 4-14 所示，当 $N_{S,2}/300=0.613$($N_{S,2}=184$，$N_{S,1}=N_{S,3}=58$)时，极小化瞬变电磁合成磁场聚焦发射阵列可以达到最优聚焦性能(FoM=0.6294)。

4.3.4　极小化发射阵列仿真与实验分析

为了进一步验证磁场聚焦的性能，本小节对极小化瞬变电磁合成磁场聚焦发射阵列进行了仿真和模拟实验。仿真和模拟实验中的参数与图 4-13 和图 4-14 中的仿真参数相同。图 4-15 仿真了在不同时间和不同半径处，图 4-14 中最大 FoM 对应的极小化瞬变电磁合成磁场聚焦发射阵列的纵向磁场分布，并同传统未加权发射阵列进行了对比。从图 4-15(a)中可以看出，基于 FoM 优化的极小化磁场聚焦阵列在 $r=55.98$mm(套管内径)，$t=0$ms 处的纵向磁场分布，主瓣变窄的同时仍具有较低的旁瓣。此外，纵向磁场分布在不同时间和半径处存在一定的差别。图 4-15(b)到图 4-15(d)分别比较了极小化瞬变电磁合成磁场聚焦发射阵列和未加权的瞬变电磁发射阵列在 $r=55.98$mm(套管内径)、$t=10$ms，$r=59.74$mm(套管壁中心)、$t=0$ms 和 $r=63.5$mm(套管外径)、$t=0$ms 处的磁场分布。结果表明，FoM 能够有效用于设计极小化瞬变电磁合成磁场聚焦发射阵列，优化磁场聚焦的性能。此外，与未加权的瞬变电磁发射阵列相比，优化设计的极小化瞬变电磁合成磁场聚焦发射阵列还可以在其他的观测时间和径向距离处实现纵向磁场分布的聚焦。

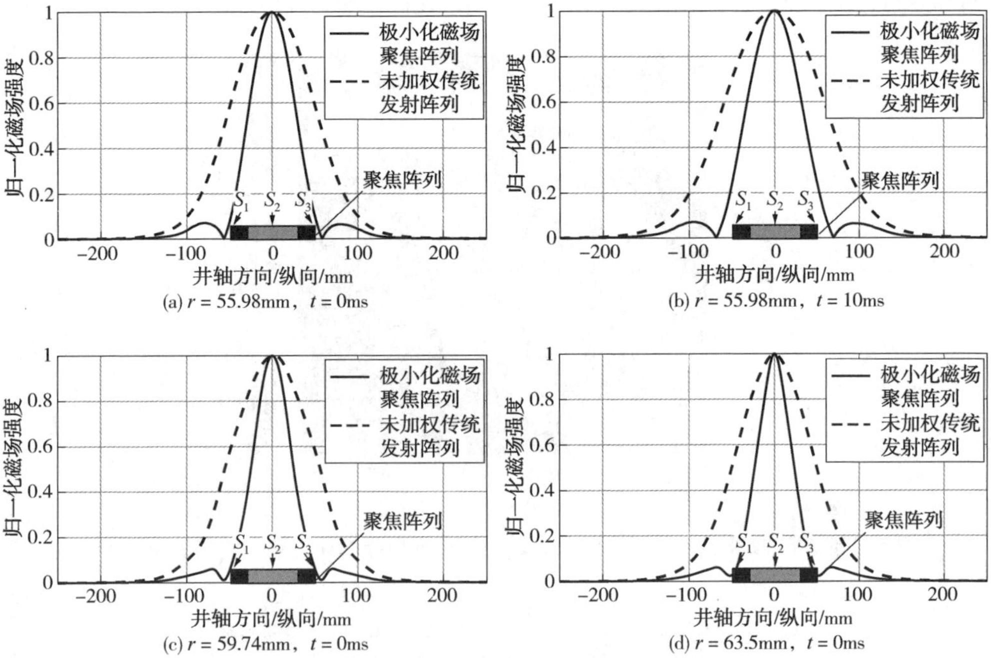

(a) $r=55.98$mm，$t=0$ms
(b) $r=55.98$mm，$t=10$ms
(c) $r=59.74$mm，$t=0$ms
(d) $r=63.5$mm，$t=0$ms

图 4-15　极小化瞬变电磁合成磁场聚焦发射阵列在不同 r 和不同 t 时的纵向磁场分布

为不失一般性，本小节进一步仿真模拟了 5 阵元极小化瞬变电磁合成磁场聚焦发射阵列不同设计方案下的 FoM。仿真结果如图 4-16 所示，其中仿真实验参数与图 4-14、图 4-15 所用参数相同，E_1、E_3和 E_5的线圈为顺时针缠绕，E_2和 E_4的线圈为逆时针缠绕，且 $N_{S,1}=N_{S,5}$，$N_{S,2}=N_{S,4}$。与图 4-14 的 3 阵元极小化瞬变电磁合成磁场聚焦发射阵列相比，5 阵元的阵列设计更为复杂，其参数与多个阵元的线圈匝数有关。因此，在图 4-16 中通过使用两个不相关的因子 $N_{S,3}/300$ 和 $N_{S,1}/(N_{S,1}+N_{S,2})$来表示 5 阵元极小化瞬变电磁合成磁场聚焦发射阵列的设计方案，每个阵元的线圈匝数都可以通过上述两个因子计算得出。

从图 4-16 中可以看出，磁场聚焦的性能与极小化瞬变电磁合成磁场聚焦发射阵列的设计密切相关，当 $N_{S,3}/300=0.3867$，$N_{S,1}/(N_{S,1}+N_{S,2})=0.2391$($N_{S,3}=116$，$N_{S,2}=N_{S,4}=70$，$N_{S,1}=N_{S,5}=22$)时，5 阵元极小化瞬变电磁合成磁场聚焦发射阵列可以达到最大 FoM 值(FoM=0.7254)。随后，根据该参数绕制了探头进行实验。实验使用带有 25 个巨磁电阻(GMR)传感器(美国明尼苏达州 NVE 公司的 AAH002-02)的观测阵列测量套管内壁上的纵向磁场，实验中采用的传统发射阵列和 5 阵元极小化瞬变电磁合成磁场聚焦发射阵列具体结构如图 4-17 所示。

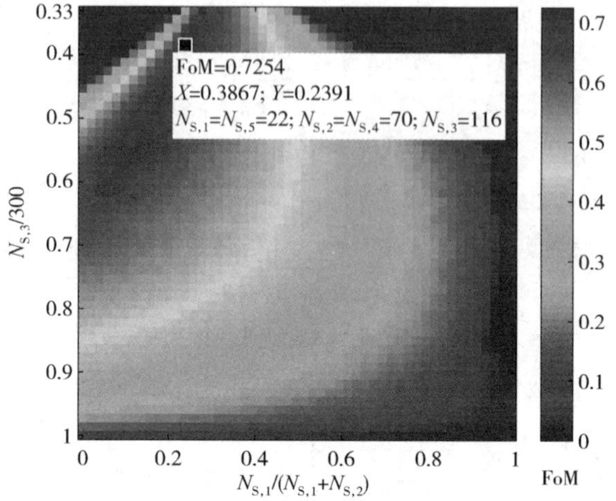

图 4-16　5 阵元极小化瞬变电磁合成磁场聚焦发射阵列在不同设计参数下的 FoM

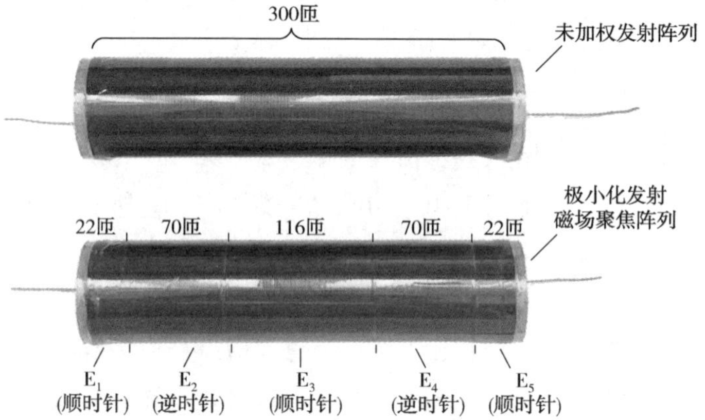

图 4-17　实验所使用的传统发射阵列和 5 阵元极小化瞬变电磁合成磁场聚焦发射阵列结构

图 4-18 给出了极小化瞬变电磁合成磁场聚焦发射阵列和不加权的瞬变电磁发射阵列的实验结果，并与相同参数的仿真结果进行了对比。其中，实验和仿真结果都分别根据测量数据中的最大磁通密度进行了归一化。从图 4-18 中可以看出，实验结果与仿真模拟的结果吻合，细微差别是由实验线圈加工和传感器采样误差等原因造成的。通过对比可以看出，无论是仿真还是实验，极小化瞬变电磁合成磁场聚焦发射阵列磁场分布的主瓣都远窄于不加权的瞬变电磁发射阵列。

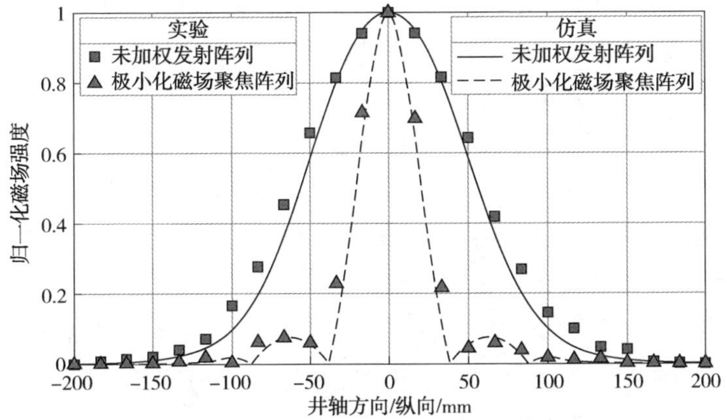

图 4-18 5 阵元极小化瞬变电磁合成磁场聚焦发射阵列的实验与仿真结果对比

虽然极小化瞬变电磁合成磁场聚焦发射阵列可以有效地实现磁场聚焦，但是由于阵列中不同阵元的线圈采用的绕线方向不同，逆时针方向缠绕的阵元会在相反方向激发磁场，因此会降低整体磁场强度。也就是说，极小化瞬变电磁合成磁场聚焦发射阵列是一种折中设计，通过牺牲磁场强度实现磁场聚焦，以获得更窄的主瓣。为了详细说明极小化瞬变电磁合成磁场聚焦发射阵列折中设计的性能，使用主瓣的峰值 p_m 表征磁场总强度。图 4-19 对比了极小化瞬变电磁合成磁场聚焦发射阵列在不同的磁场强度下可以实现的最大 FoM。其中，发射线圈的最大电流设为 1A。

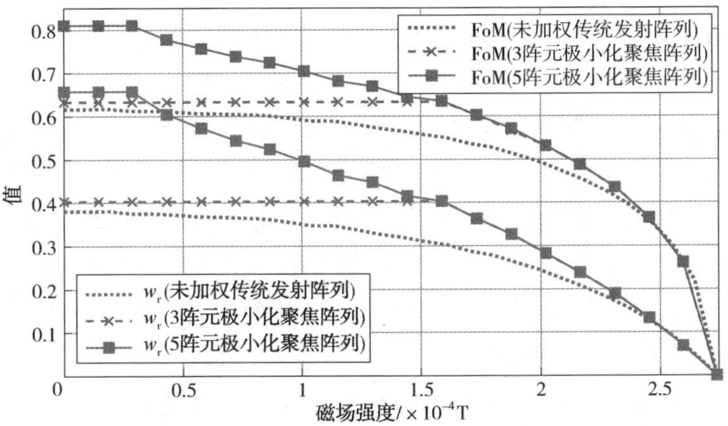

图 4-19 不同磁场强度下极小化瞬变电磁合成磁场聚焦发射阵列的聚焦性能对比

通过对比可知，未加权的瞬变电磁发射阵列通过减少线圈总匝数(或减少阵元)也可以缩小主瓣宽度，且同样会导致磁场强度的整体衰减。对于总匝数更少的不加权瞬变电磁发射阵列，其 w_r 可由式(4-28)更新为：

$$w_r = \frac{w_{unweighted} - w_{le}}{w_{unweighted}} \tag{4-30}$$

式中，w_{le} 为线圈总匝数更少的未加权发射阵列的主瓣宽度；$w_{unweighted}$ 表示降低总匝数后的未加权发射阵列的主瓣宽度。

利用上式计算不同线圈总匝数的不加权发射阵列的 w_r 和 FoM，如图 4-19 所示。其中，仿真参数与图 4-14 所使用参数相同，不加权发射阵列的最大总匝数为 300，通过将其总匝数最低减少到 1 可以实现不同的磁场强度(p_m)和 FoM。在图 4-19 中，横轴坐标为期望的磁场强度 p_m。当期望 p_m 为 0 时，表示不对总磁场强度进行约束，这时 3 阵元和 5 阵元的极小化磁场聚焦阵列采用图 4-14 和图 4-16 中的最优阵列设计，未加权发射阵列也可以将线圈匝数减少到 1 以达到最优的 FoM。如图 4-19 所示，当预期 p_m 为 0 时，3 阵元和 5 阵元的极小化瞬变电磁合成磁场聚焦发射阵列的 FoM 大于 1 匝发射线圈的未加权发射阵列，说明即使只采用 1 匝发射线圈也无法达到极小化瞬变电磁合成磁场聚焦发射阵列的聚焦效果。随着期望 p_m 的增加，未加权发射阵列需要不断地增加总线圈匝数，其 FoM 和 w_r 都会随之降低。而 3 阵元和 5 阵元极小化瞬变电磁合成磁场聚焦发射阵列的 FoM 在期望 p_m 分别小于 0.289×10^{-3}T 和 1.592×10^{-3}T 时保持不变，这是因为在电流为 1A 时，3 阵元和 5 阵元极小化瞬变电磁合成磁场聚焦发射阵列最优设计方案的 p_m 分别为 0.289×10^{-3}T 和 1.592×10^{-3}T。从图 4-19 中还可以看出，以降低总磁场强度为代价，5 阵元极小化瞬变电磁合成磁场聚焦发射阵列最优设计方案的 FoM 高于 3 阵元极小化瞬变电磁合成磁场聚焦发射阵列。随着期望 p_m 的增加，3 阵元和 5 阵元极小化瞬变电磁合成磁场聚焦发射阵列会在达到该 p_m 的前提下寻找能够达到最优 FoM 的设计方案。图 4-19 中设计方案的 FoM 会随着期望 p_m 的增加而减小，说明极小化瞬变电磁合成磁场聚焦发射阵列是通过牺牲磁场强度从而获得更好的磁场聚焦的一种折中设计。当期望 p_m 超过 1.592×10^{-3}T 时，3 阵元和 5 阵元极小化瞬变电磁合成磁场聚焦发射阵列的 FoM 非常接近，此时为了达到如此大的 p_m，300 匝线圈中的大多数都被分配到中间的阵元中。当期望 p_m 为 2.75×10^{-3}T 时，极小化瞬变电磁合成磁场聚焦发射阵列和未加权发射阵列的 FoM 相同，此时所有的 300 匝线圈都为顺时针缠绕以此达到最大 p_m。大多数情况下，3 阵元和 5 阵元极小化瞬变电磁合成磁场聚焦发射阵列的 FoM 都大于不加权发射阵列，即具有更好的磁场聚焦性能。

综上所述，瞬变电磁发射阵列通过发射电流加权可以消除收发距离的影响，利用阵列增益可以获得更高的信噪比，还能够改变发射磁场的分布状态，实现磁场聚焦。但是，不同的发射电流加权系数需要对应的发射电路，因此增加了系统成本和复杂度，很难适用于环境恶劣、空间有限的井下探测。为了降低发射电路数，提高井下探测系统的通过性和实用性，针对发射系统复杂度研究了井下瞬变电磁发射阵列优化设计方法。现有的各类电磁发射阵列常用设计方法都存在着各自的优势与不足，在实际的设计过程中，必须充分考虑具体的应用场景、期望达到的性能指标、成本预算限制以及实际环境条件等诸多因素，从中选择最为合适的设计方法，或者尝试将不同方法进行有机融合、改进，以此实现电磁发射阵列的优化设计，使其更好地契合多样化的实际应用需求，发挥最大效能。

第5章 MIMO电磁阵列探测方法与设计

5.1 MIMO阵列概述

5.1.1 MIMO技术研究现状

多输入多输出(MIMO)技术最初是在通信领域大放异彩，随着其理论与实践的不断发展，MIMO阵列的概念逐渐被引入多个学科交叉的应用场景中，成为当下研究的热点之一，尤其在电磁学、雷达探测以及井下探测等领域展现出了巨大的应用潜力，吸引了众多科研人员的关注，目前已经取得了颇为丰硕的研究成果，但同时也面临着一些有待攻克的挑战。

在通信领域，MIMO技术的应用开启了高速、高效无线通信的新时代。传统的单输入单输出(SISO)通信系统在信道容量、传输速率以及抗干扰能力等方面存在一定局限，而MIMO技术通过在发射端和接收端配置多个天线，利用空间分集和复用等原理，极大地提升了通信系统的信道容量，使得在有限的频谱资源下能够实现更高的数据传输速率，并且增强了信号在复杂传播环境中的抗衰落、抗干扰能力。基于这些优势，相关研究不断深入拓展，从早期的理论模型构建、信道特性分析，到如今针对不同应用场景(如5G乃至未来6G通信网络)的优化设计、算法改进以及与其他新兴技术(如毫米波通信、物联网等)的融合应用等方面，都涌现了大量研究成果。

随着对MIMO技术的深入理解，其阵列概念被拓展应用到了电磁探测领域，特别是雷达探测方面。相控阵雷达作为传统的高性能雷达技术，虽然具备波束灵活扫描、快速跟踪目标等优点，但MIMO阵列雷达在此基础上进行了新的突破。MIMO阵列雷达在发射端和接收端采用多个独立阵元，通过发射相互正交的波形，在空间中形成了更为复杂且多样化的电磁场分布，从而获取比传统雷达更为丰富的目标信息。例如，它可以实现对目标的高分辨率成像，提供更精确的角度估计，并增强目标识别能力。当前，国内外众多科研团队都致力于 MIMO 阵列雷达的研究工作，一方面聚焦于优化其波形设计，进一步提高各阵元发射波形之间的正交性，提升系统性能；另一方面在信号处理算法上不断创新，如开发更高效的目标检测、参数估计以及成像算法等，充分挖掘 MIMO 阵列雷达所蕴含的信息优势。同时，针对 MIMO 阵列雷达在复杂电磁环境下的适应性、抗干扰能力以及小型化、低成本实现等实际应用问题，也有诸多研究正在持续推进。

而在电磁 MIMO 阵列井下探测这一特定应用方向上，近年来同样受到了广泛关注。井下探测对于获取地下资源分布、地质结构等信息有着重要意义，传统的探测方法往往存在探测范围有限、分辨率不足以及对复杂地质环境适应性较差等问题。电磁 MIMO 阵列技术的引入为解决这些问题提供了新的思路。研究人员开始探索如何根据井下特殊的空间限制、地质条件以及探测需求，合理设计电磁 MIMO 阵列的结构、阵元布局以及工作频率等参数。目前已经开展了一系列理论建模和实验研究，通过数值模拟分析不同阵列配置下的电磁场传播特性、信号响应情况，以及在实验室环境或实际井下场地进行小规模实验，验证电磁 MIMO 阵列在提高井下探测分辨率、增强对微弱信号检测能力等方面的实际效果。

然而，尽管 MIMO 阵列在多个方面取得了显著的研究进展，但仍面临一些挑战。1) MIMO 阵列系统的复杂度随着阵元数量的增加而急剧上升，这不仅体现在硬件层面需要更多的发射和接收通道、更复杂的电路设计以及更大的功率消耗，在软件和算法层面，如何高效处理海量的多通道信号数据、实时准确地提取有用信息也是一大难题；2) 对于电磁 MIMO 阵列来说，各阵元之间的互耦效应会影响其性能发挥，在不同的应用场景下，准确分析和有效抑制互耦效应，保证各阵元的独立性和发射、接收信号的准确性，是需要深入研究的关键问题之一；3) 在实际应用中，成本因素始终是制约 MIMO 阵列广泛推广的重要因素，如何在保证性能的前提下，通过优化设计、采用新材料或新技术等手段降低成本，实现性价比的提升，也是未来需要重点考量的方向。

5.1.2 电磁 MIMO 阵列井下探测优势

前文介绍了井下电磁接收阵列和发射阵列的探测方法和阵列设计方法，MIMO 阵列是发射阵列和接收阵列的结合，这种独特的构成方式使其在井下探测领域相较于传统探测方法展现出了诸多独特的优势，成为未来井下探测技术发展的一个重要方向，有望为井下资源勘探、地质灾害预警等方面提供更精准、更高效的技术支撑。

1）高分辨率成像能力是电磁 MIMO 阵列井下探测的显著优势之一。传统的井下探测技术，如部分基于单一传感器或者简单阵列的电磁探测方法，由于其能够获取的信息量有限，往往只能得到较为模糊、粗糙的地下结构图像，难以分辨出一些细微的地质构造变化以及小尺度的资源分布情况。而电磁 MIMO 阵列通过多个发射和接收阵元的协同工作，在井下空间中形成了丰富的电磁场分布模式，从不同角度、不同位置对目标区域进行照射和探测。基于这些多角度、多维度的探测数据，利用先进的信号处理和成像算法，可以重建高分辨率的井下地质图像，清晰地呈现出地层的分层结构、岩石裂缝、矿体边界等细节信息，为地质分析和资源评估提供了更加准确可靠的依据。

2）电磁 MIMO 阵列具备出色的抗干扰能力和对微弱信号的检测能力。井下环境是一个充满各种电磁干扰的复杂场所，既有来自周边地层中天然存在的电磁噪声，又有诸如井下设备运行等产生的人为干扰。传统探测方法在这种干扰环境下，接收到的有效信号容易被噪声淹没，导致探测结果的准确性大打折扣。然而，电磁 MIMO 阵列利用其多输入多输出的特性，通过发射相互正交的波形以及在接收端采用合适的分集合并技术，可以有效抑制干扰信号，增强对微弱目标信号的提取能力，就如同在嘈杂的人群中，通过多个耳朵(接收阵元)从不同方向去聆听特定的声音(目标信号)，并利用信号处理的手段过滤掉周围的嘈杂声(干扰信号)，从而更清晰地捕捉想要的信息。

3）电磁 MIMO 阵列在井下探测时具有更好的适应性和灵活性。井下地质条件复杂多变，不同地区的地层结构、岩石特性以及含水量等因素差异很大，传统探测方法往往需要针对特定的地质环境进行定制化调整，甚至可能在某些复杂环境下无法正常工作。而电磁 MIMO 阵列凭借其可灵活配置的阵元布局、可调节的工作频率以及多样化的波形设计等特点，能够根据不同的井下地质状况和探测需求，快速调整探测参数，实现对多种复杂地质环境的有效探测。例如，在遇到高导电性地层时，可以适当调整工作频率和阵元发射功率，以优化电磁场的穿透能力和信号响应效果，确保探测工作的顺利进行。

4）通过电磁 MIMO 阵列进行井下探测能够实现多参数同时测量。传统的井下探测手段通常只能获取单一或少数几种物理参数信息，如电阻率、介电常数等，而电磁 MIMO 阵列在探测过程中，可以同时采集多个维度的电磁信号响应数据，基于这些数据，不仅可以分析得到常规的地质参数，还能够进一步反演出如孔隙度、渗透率等与地下资源开采和地质灾害评估密切相关的其他重要参数。这种多参数同时测量的能力，极大地丰富了井下探测所获取的信息量，有助于更全面、更深入地了解井下地质情况，为后续的决策和工程实施提供更加翔实的数据支持。

综上所述，电磁 MIMO 阵列在井下探测领域凭借其高分辨率成像、抗干扰、适应性强以及多参数测量等诸多优势，展现出了巨大的应用潜力，尽管目前在实际应用中还面临一些技术和成本等方面的挑战，但随着相关研究的不断深入，有望在未来的井下探测工作中发挥更加重要的作用。

鉴于电磁 MIMO 阵列井下探测所具备的这些优势，其在实际应用中已经有了一些简单且颇具成效的应用案例。下面本书将介绍一些 MIMO 井下电磁探测的简单应用，以便读者能更直观地感受其在实际场景中的价值与作用，进一步了解这一技术如何助力井下探测工作迈向新的台阶。

5.2　空时通道分离方法

5.2.1　瞬变电磁阵列收发通道分析

在本书第 2 章和第 3 章中，分别推导了瞬变电磁接收阵列和发射阵列的解耦信号模型，将一个发射阵元到一个接收阵元之间的信号通路定义为一个收发通道，采用 LCMV 准则对各收发通道进行加权，不仅消除了各通道收发距离不同对感应信号的影响，还能够利用多通道的增益提高信噪比。本节以 N 个阵元瞬变电磁接收阵列的基于 LCMV 准则的收发距离拟合加权方法为例，分析收发通道数对阵列加权性能的影响。

如式(2-29)所示，基于 LCMV 准则的收发距离拟合加权方法的最优权矢量可表示为：

$$\mathbf{w}=\mathbf{R}_{\mathrm{u}}^{-1}\mathbf{X}(\mathbf{d})\left[\mathbf{X}^{\mathrm{T}}(\mathbf{d})\mathbf{R}_{\mathrm{u}}^{-1}\mathbf{X}(\mathbf{d})\right]^{-1}\mathbf{v}(0) \tag{5-1}$$

从式(5-1)中可以看出，加权系数的求解需要对 $\mathbf{X}^{\mathrm{T}}(\mathbf{d})\mathbf{R}_{\mathrm{u}}^{-1}\mathbf{X}(\mathbf{d})\in\mathrm{C}^{P\times P}$ 求逆，其可逆的充分必要条件是秩为 P。由于 $\mathbf{X}(\mathbf{d})\in\mathrm{C}^{N\times P}$ 且 $\mathbf{R}_{\mathrm{u}}^{-1}\in\mathrm{C}^{N\times N}$，则：

$$\mathrm{rank}[\mathbf{X}^{\mathrm{T}}(\mathbf{d})\mathbf{R}_{\mathrm{u}}^{-1}\mathbf{X}(\mathbf{d})] \leqslant \min\{\mathrm{rank}(\mathbf{R}_{\mathrm{u}}^{-1}),\ \mathrm{rank}[\mathbf{X}(\mathbf{d})]\} \leqslant \min(N,\ P) = \begin{cases} P, & N \geqslant P \\ N, & P > N \end{cases} \tag{5-2}$$

即加权系数能够求解的必要条件是高斯-勒让德积分的代数精度 P 小于等于收发通道数 N。且由式(2-16)可知，高斯-勒让德积分的结果是近似的，其结果的准确值与高斯-勒让德积分的代数精度有关。为了使高斯-勒让德积分的近似误差足够小，一般选择尽可能大的 P，最大可以达到 32 或者 64。在井下瞬变电磁阵列信号加权系数的求解中，当 $P<4$ 时，由于模型的近似误差比较大，求解的加权系数不够准确，使得最终加权输出的信号性能很差。因此，在加权系数能够求解[保证 $\mathbf{X}^{\mathrm{T}}(\mathbf{d})\mathbf{R}_{\mathrm{u}}^{-1}\mathbf{X}(\mathbf{d})$ 可逆]的前提下，收发通道数与接收阵列信号加权系数的准确度有关。收发通道数越多，可以选择的 P 越大，模型的近似误差越小，加权系数也就越准确。

此外，收发通道数还会影响接收阵列信号加权输出的信噪比。将式(5-1)加权输出信号的信噪比写为：

$$\mathrm{SNR} = P_{\mathrm{s}}/P_{\mathrm{n}} \tag{5-3}$$

式中，$P_{\mathrm{s}}=\mathbf{w}^{\mathrm{T}}\mathbf{R}_{\mathrm{s}}\mathbf{w}$，$\mathbf{R}_{\mathrm{s}}$为信号部分$\chi\mathbf{X}(\mathbf{d})\mathbf{g}(t,\ x)$的自相关矩阵；$P_{\mathrm{n}}=\mathbf{w}^{\mathrm{T}}\mathbf{R}_{\mathrm{n}}\mathbf{w}$。

由式(2-28)可知，加权后式(5-3)中分子部分即信号的功率可改写为：

$$P_{\mathrm{s}} = |E\{\chi\,\mathbf{w}^{\mathrm{T}}\mathbf{X}(\mathbf{d})\mathbf{g}(t,\ x)\}|^2 = |E\{\chi\,\mathbf{v}^{\mathrm{T}}(0)\mathbf{g}(t,\ x)\}|^2 \tag{5-4}$$

从式(5-4)中可以看出，加权后信号的功率 P_{s}与通道数无关。假设信号与噪声不相关，则加权后噪声的功率 P_{n}可表示为：

$$\begin{aligned} P_{\mathrm{n}} &= \{\mathbf{R}_{\mathrm{u}}^{-1}\mathbf{X}(\mathbf{d})[\mathbf{X}^{\mathrm{T}}(\mathbf{d})\mathbf{R}_{\mathrm{u}}^{-1}\mathbf{X}(\mathbf{d})]^{-1}\mathbf{v}(0)\}^{\mathrm{T}}\mathbf{R}_{\mathrm{u}}\mathbf{R}_{\mathrm{u}}^{-1}\mathbf{X}(\mathbf{d})[\mathbf{X}^{\mathrm{T}}(\mathbf{d})\mathbf{R}_{\mathrm{u}}^{-1}\mathbf{X}(\mathbf{d})]^{-1}\mathbf{v}(0)-P_{\mathrm{s}} = \\ &\quad \mathbf{v}^{\mathrm{T}}(0)[\mathbf{X}^{\mathrm{T}}(\mathbf{d})\mathbf{R}_{\mathrm{u}}^{-1}\mathbf{X}(\mathbf{d})]^{-1}\mathbf{v}(0)-P_{\mathrm{s}} \end{aligned} \tag{5-5}$$

假设信号与噪声不相关，则：

$$\mathbf{R}_{\mathrm{u}} = \mathbf{R}_{\mathrm{s}} + \mathbf{R}_{\mathrm{n}} \tag{5-6}$$

为使高斯-勒让德积分近似误差最小，令高斯-勒让德阶数 P 等于接收阵元数 N，则 $\mathbf{X}(\mathbf{d})$为可逆方阵，可将加权噪声功率 P_{n}进一步改写为：

$$\begin{aligned} P_{\mathrm{n}} &= \mathbf{v}^{\mathrm{T}}(0)\mathbf{X}^{-1}(\mathbf{d})\mathbf{R}_{\mathrm{u}}\mathbf{X}^{-\mathrm{T}}(\mathbf{d})\mathbf{v}(0)-P_{\mathrm{s}} = \\ &\quad \mathbf{v}^{\mathrm{T}}(0)\mathbf{X}^{-1}(\mathbf{d})\mathbf{R}_{\mathrm{n}}\mathbf{X}^{-\mathrm{T}}(\mathbf{d})\mathbf{v}(0)+\mathbf{v}^{\mathrm{T}}(0)\mathbf{X}^{-1}(\mathrm{d})\mathbf{R}_{\mathrm{s}}\mathbf{X}^{-\mathrm{T}}(\mathbf{d})\mathbf{v}(0)-P_{\mathrm{s}} \end{aligned} \tag{5-7}$$

其中，式(5-7)的第二部分可表示为：

$$
\begin{aligned}
P_{\mathrm{B}} = & \mathbf{v}^{\mathrm{T}}(0)\mathbf{X}^{-1}(\mathbf{d})\mathbf{R}_{\mathrm{s}}\mathbf{X}^{-\mathrm{T}}(\mathbf{d})\mathbf{v}(0) = \\
& \mathbf{v}^{\mathrm{T}}(0)\mathbf{X}^{-1}(\mathbf{d})E\{\chi^{2}\mathbf{X}(\mathbf{d})\mathbf{g}(t,\ x)\mathbf{g}^{\mathrm{T}}(t,\ x)\mathbf{X}^{\mathrm{T}}(\mathbf{d})\}\mathbf{X}^{-\mathrm{T}}(\mathbf{d})\mathbf{v}(0) = \\
& \chi^{2}\mathbf{v}^{\mathrm{T}}(0)E\{\mathbf{g}(t,\ x)\mathbf{g}^{\mathrm{T}}(t,\ x)\}\mathbf{v}(0)
\end{aligned}
\tag{5-8}
$$

由式(5-8)可知，P_{B}与通道数无关。假设噪声为独立同分布的高斯白噪声，即$\mathbf{R}_{\mathrm{n}}=\delta^2\mathbf{E}$，其中，$\delta$为噪声方差，$\mathbf{E}$为$N\times N$维单位矩阵，则式(5-7)可进一步改写为：

$$
\begin{aligned}
P_{\mathrm{n}} = & \delta^2\mathbf{v}^{\mathrm{T}}(0)\mathbf{X}^{-1}(\mathbf{d})\mathbf{X}^{-\mathrm{T}}(\mathbf{d})\mathbf{v}(0)+P_{\mathrm{B}}-P_{\mathrm{s}} = \\
& \delta^2\mathbf{v}^{\mathrm{T}}(0)[\mathbf{X}^{\mathrm{T}}(\mathbf{d})\mathbf{X}(\mathbf{d})]^{-1}\mathbf{v}(0)+P_{\mathrm{B}}-P_{\mathrm{s}}
\end{aligned}
\tag{5-9}
$$

将$\mathbf{X}(\mathbf{d})$进一步分解，可得：

$$
\begin{aligned}
P_{\mathrm{n}} = & \delta^2\mathbf{v}^{\mathrm{T}}(0)\left([\mathbf{v}(d_1)\ \cdots\ \mathbf{v}(d_N)]\begin{bmatrix}\mathbf{v}^{\mathrm{T}}(d_1)\\ \vdots \\ \mathbf{v}^{\mathrm{T}}(d_N)\end{bmatrix}\right)^{-1}\mathbf{v}(0)+P_{\mathrm{B}}-P_{\mathrm{s}} = \\
& \delta^2\mathbf{v}^{\mathrm{T}}(0)\left[\sum_{n=1}^{N}\mathbf{v}(d_n)\mathbf{v}^{\mathrm{T}}(d_n)\right]^{-1}\mathbf{v}(0)+P_{\mathrm{B}}-P_{\mathrm{s}}
\end{aligned}
\tag{5-10}
$$

每当通道数增加 1 时，增加的噪声功率可表示为：

$$
\begin{aligned}
\overline{P}_{\mathrm{n}} = & \delta^2\mathbf{v}^{\mathrm{T}}(0)\left[\sum_{n=1}^{N+1}\mathbf{v}(d_n)\mathbf{v}^{\mathrm{T}}(d_n)\right]^{-1}\mathbf{v}(0)+P_{\mathrm{B}}-P_{\mathrm{s}}- \\
& \delta^2\mathbf{v}^{\mathrm{T}}(0)\left[\sum_{n=1}^{N}\mathbf{v}(d_n)\mathbf{v}^{\mathrm{T}}(d_n)\right]^{-1}\mathbf{v}(0)-P_{\mathrm{B}}+P_{\mathrm{s}} = \\
& \delta^2\mathbf{v}^{\mathrm{T}}(0)\left\{\left[\sum_{n=1}^{N+1}\mathbf{v}(d_n)\mathbf{v}^{\mathrm{T}}(d_n)\right]^{-1}-\left[\sum_{n=1}^{N}\mathbf{v}(d_n)\mathbf{v}^{\mathrm{T}}(d_n)\right]^{-1}\right\}\mathbf{v}(0)
\end{aligned}
\tag{5-11}
$$

由$\mathbf{A}^{-1}-\mathbf{B}^{-1}=-\mathbf{A}^{-1}(\mathbf{A}-\mathbf{B})\mathbf{B}^{-1}$，可将式(5-11)改写为：

$$
\begin{aligned}
\overline{P}_{\mathrm{n}} = & -\delta^2\mathbf{v}^{T}(0)\left[\sum_{n=1}^{N+1}\mathbf{v}(d_n)\mathbf{v}^{\mathrm{T}}(d_n)\right]- \\
& \left[\sum_{n=1}^{N+1}\mathbf{v}(d_n)\mathbf{v}^{\mathrm{T}}(d_n)-\sum_{n=1}^{N}\mathbf{v}(d_n)\mathbf{v}^{\mathrm{T}}(d_n)\right]\left[\sum_{n=1}^{N}\mathbf{v}(d_n)\mathbf{v}^{\mathrm{T}}(d_n)\right]^{-1}\mathbf{v}(0) = \\
& -\delta^2\mathbf{v}^{T}(0)\left[\sum_{n=1}^{N+1}\mathbf{v}(d_n)\mathbf{v}^{\mathrm{T}}(d_n)\right]^{-1}\mathbf{v}(d_{N+1})\mathbf{v}^{\mathrm{T}}(d_{N+1})\left[\sum_{n=1}^{N}\mathbf{v}(d_n)\mathbf{v}^{\mathrm{T}}(d_n)\right]^{-1}\mathbf{v}(0)
\end{aligned}
\tag{5-12}
$$

由$\mathbf{v}(d_n)\mathbf{v}^{\mathrm{T}}(d_n)$为$P$维正定方阵可知，其和、积以及逆都为正定方阵，即：

$$
\mathbf{\Pi} = \left[\sum_{n=1}^{N+1}\mathbf{v}(d_n)\mathbf{v}^{\mathrm{T}}(d_n)\right]^{-1}\mathbf{v}(d_{N+1})\mathbf{v}^{\mathrm{T}}(d_{N+1})\left[\sum_{n=1}^{N}\mathbf{v}(d_n)\mathbf{v}^{\mathrm{T}}(d_n)\right]^{-1}
\tag{5-13}
$$

为正定矩阵，且 $\mathbf{v}(0)$ 为值都是 1 的 P 维向量，则：

$$\overline{P}_{\mathrm{n}}<0 \tag{5-14}$$

式(5-14)表示随着通道数的增加，经过最优加权后的噪声功率会减小，类似于雷达或者通信阵列信号处理中的阵列增益。从上述分析可以发现，增加通道数可以在加权后信号功率不变的情况下，降低噪声功率，从而提高信噪比。

5.2.2 MIMO 瞬变电磁阵列信号模型

由以上模型推导可知，收发通道数的增加会带来更好的信噪比和更小的模型误差。对于接收阵列而言，瞬变电磁接收阵列系统要增加通道数，需要等量地增加接收阵元数。类似地，瞬变电磁发射阵列也需要通过增加等量的发射阵元数来增加通道数。但是阵元数的增加会大大增加系统成本、复杂度和加工难度，这对于空间有限、环境恶劣的井下应用十分困难。因此，研究如何利用有限的阵元数获取更多的收发通道数非常重要。针对这一问题，本书介绍一种 MIMO 瞬变电磁阵列，可以将有限的阵元数分别分配给发射和接收，通过多发射多接收获取更多的收发通道。

MIMO 瞬变电磁阵列信号模型如图 5-1 所示，假设 MIMO 阵列包含 M 个发射阵元和 N 个接收阵元，且发射和接收均为均匀线性阵列。其中，发射阵列的阵元间距为 Δz_{T}，接收阵列的阵元间距为 Δz_{R}，第 m 个发射阵元的纵向坐标为 $z_{\mathrm{T},m}$，第 n 个接收阵元的纵向坐标为 $z_{\mathrm{R},n}$，其他参数同图 2-1。

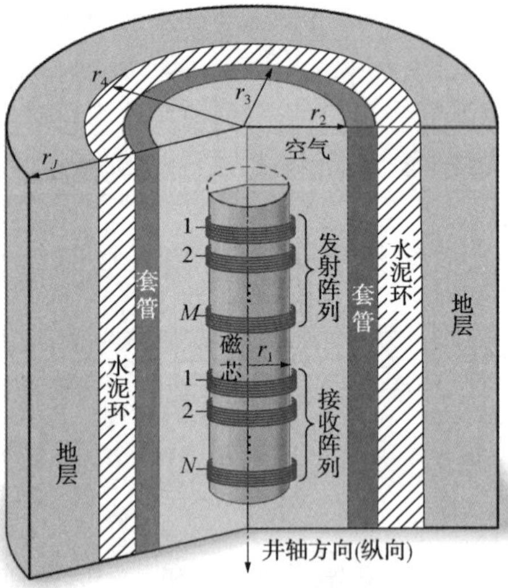

图 5-1　MIMO 瞬变电磁阵列信号模型

基于信号解耦模型，当第 m 个阵元单独发射时，t 时刻第 n 个接收阵元的感应电动势为：

$$U(I_m,\ d_{m,n},\ t,\ x)=\chi I_m \mathbf{v}^{\mathrm{T}}(d_{m,n})\mathbf{k}(t,\ x)+N_{m,n}(t) \tag{5-15}$$

式中，I_m 为第 m 个阵元的发射电流；$d_{m,n}$ 为第 m 个发射阵元到第 n 个接收阵元的收发距离；$N_{m,n}(t)$ 为噪声。

考虑到 MIMO 系统的多发多收结构，MIMO 瞬变电磁阵列理论上在 M 个发射和 N 个接收之间形成了 $M\times N$ 个收发通道。

但是 MIMO 瞬变电磁阵列只有 N 个接收阵元，实际接收到的信号为 $N\times1$ 维的向量，如式(5-16)所示：

$$\mathbf{u}_{\mathrm{MIMO}}=\left[\sum_{m=1}^{M}U(I_m,\ d_{m,1},\ t,\ x)\ \cdots\ \sum_{m=1}^{M}U(I_m,\ d_{m,N},\ t,\ x)\right]^{\mathrm{T}}=$$
$$\left[\sum_{m=1}^{M}I_mS(d_{m,1},\ t,\ x)\ \cdots\ \sum_{m=1}^{M}I_mS(d_{m,N},\ t,\ x)\right]^{\mathrm{T}}+\mathbf{n}_{\mathrm{MIMO}} \tag{5-16}$$

式中，$\mathbf{S}(d_{m,n},\ t,\ x)=\chi\mathbf{v}^{\mathrm{T}}(d_{m,n})\mathbf{k}(t,\ x)$，表示关于第$(mN+n)$个收发通道上的信号部分。

噪声部分为：

$$\mathbf{n}_{\mathrm{MIMO}}=\left[\sum_{m=1}^{M}N_{m,1}(t)\ \ \sum_{m=1}^{M}N_{m,2}(t)\ \cdots\ \sum_{m=1}^{M}N_{m,N}(t)\right]^{\mathrm{T}} \tag{5-17}$$

通过提取发射电流并形成电流矢量 $\mathbf{i}_{\mathrm{MIMO}}=[I_1I_2\cdots I_M]^{\mathrm{T}}$，式(5-16)可重写为：

$$\mathbf{u}_{\mathrm{MIMO}}=\mathbf{i}_{\mathrm{MIMO}}^{\mathrm{T}}\mathbf{S}(\mathbf{D},\ t,\ x)+\mathbf{n}_{\mathrm{MIMO}} \tag{5-18}$$

$$\mathbf{S}(\mathbf{D},\ t,\ x)=\begin{bmatrix} S(d_{1,1},\ t,\ x) & S(d_{1,2},\ t,\ x) & \cdots & S(d_{1,N},\ t,\ x) \\ S(d_{2,1},\ t,\ x) & S(d_{2,2},\ t,\ x) & \cdots & S(d_{2,N},\ t,\ x) \\ \vdots & \vdots & \ddots & \vdots \\ S(d_{M,1},\ t,\ x) & S(d_{M,2},\ t,\ x) & \cdots & S(d_{M,N},\ t,\ x) \end{bmatrix}_{M\times N} \tag{5-19}$$

$$\mathbf{D}=\begin{bmatrix} d_{1,1} & \cdots & d_{1,N} \\ \vdots & \ddots & \vdots \\ d_{M,1} & \cdots & d_{M,N} \end{bmatrix}_{M\times N} \tag{5-20}$$

式中，$\mathbf{S}(\mathbf{D}, t, x)$为空间上的 $M\times N$ 个收发通道的信号部分；$\mathbf{D}$ 是由 $M\times N$ 个收发通道的收发距离组成的矩阵。

从式(5-16)和式(5-18)中可以看出，尽管 $\mathbf{S}(\mathbf{D}, t, x)$的维数为 $M\times N$，对应着 $M\times N$ 个收发通道，但它是与发射权矢量 $\mathbf{i}_{\mathrm{MIMO}}$耦合在一起的。因此，每个接收阵元的感应电动势可以视为一个接收阵元对 M 个发射阵元响应的总和，$\mathbf{u}_{\mathrm{MIMO}}$被降维成$1\times N$ 维的向量，即 MIMO 瞬变电磁阵列实际可以获得的收发通道数仅为 N。

5.2.3 空时通道分离方法

MIMO 瞬变电磁阵列理论上在空间内形成了 $M\times N$ 个收发通道，但是由于发射权矢量 $\mathbf{i}_{\mathrm{MIMO}}$的耦合和降维，接收信号的维数即实际获得的通道数变成了 N。为了获取更多收发通道，本书介绍一种基于 MIMO 瞬变电磁阵列的空时通道分离方法将其空间上的 $M\times N$ 个收发通道分离。空时通道分离方法的流程如图 5-2所示。

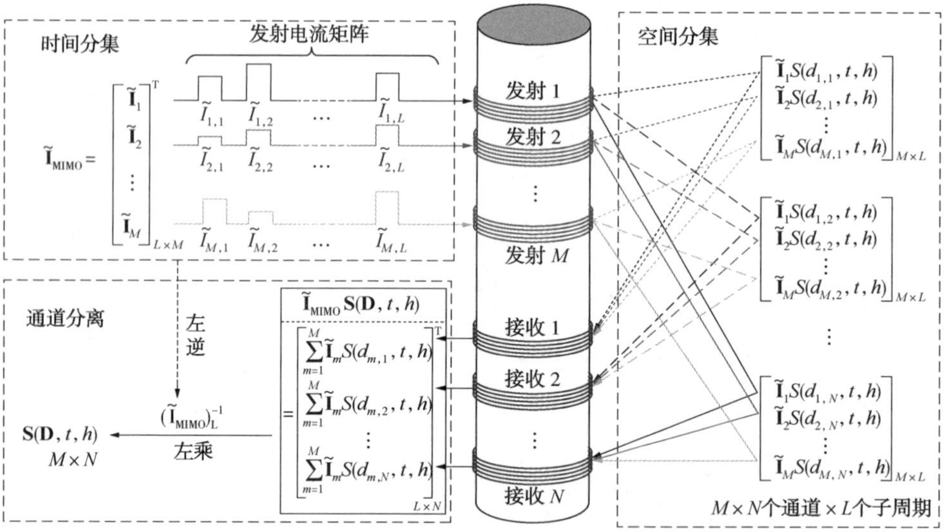

图 5-2　MIMO 瞬变电磁阵列空时通道分离方法流程

无线通信或者雷达系统通常采用时间分集方法，在发射端通过设计正交波形和匹配滤波实现通道分离。但在瞬变电磁系统中，发射激励为斜阶跃或方波信号，在单个发射周期内每个发射阵元的发射电流为常数。如式(5-18)所示，对于 MIMO 瞬变电磁系统，发射电流 $\mathbf{i}_{\mathrm{MIMO}}$ 是 $1\times M$ 维的行向量，因此不可能从 $\mathbf{i}_{\mathrm{MIMO}}$ 的耦合中恢复 $\mathbf{S}(\mathbf{D},\ t,\ h)$ 中的 $M\times N$ 维收发通道信息，除非 $M=1$。为了解决这个问题，本书将单个发射周期扩展为 L 个子发射周期，则发射端的 M 个发射阵元和 L 个子发射周期会使发射波形成为一个维数为 $M\times L$ 维的发射矩阵，可表示为：

$$\tilde{\mathbf{I}}_{\mathrm{MIMO}}=\begin{bmatrix}\tilde{I}_{1,1} & \tilde{I}_{2,1} & \cdots & \tilde{I}_{M,1}\\ \tilde{I}_{1,2} & \tilde{I}_{2,2} & \cdots & \tilde{I}_{M,2}\\ \vdots & \vdots & \ddots & \vdots\\ \tilde{I}_{1,L} & \tilde{I}_{2,L} & \cdots & \tilde{I}_{M,L}\end{bmatrix}_{L\times M} \tag{5-21}$$

式中，$\tilde{I}_{m,l}$ 为第 m 个发射阵元在第 l 个子周期的发射电流。第 m 个发射阵元在所有 L 个子周期的发射电流矢量可以写成 $\tilde{\mathbf{I}}_m=[\tilde{I}_{m,1}\ \tilde{I}_{m,2}\ \cdots\ \tilde{I}_{m,L}]$。

在图 5-2 的接收端，第 n 个接收阵元在第 l 个子周期的接收感应电动势可表示为：

$$\tilde{U}_{n,l}=\sum_{m=1}^{M}\tilde{I}_{m,l}S(d_{m,n},\ t,\ x)+\tilde{N}_{n,l}(t) \tag{5-22}$$

式中，$\tilde{N}_{n,l}(t)$ 为第 n 个接收阵元在第 l 个子周期的噪声。

则所有 N 个接收阵元和 L 个子周期的接收信号可表示为：

$$\tilde{\mathbf{U}}_{\mathrm{MIMO}}=\begin{bmatrix}\tilde{U}_{1,1} & \tilde{U}_{1,2} & \cdots & \tilde{U}_{1,L}\\ \tilde{U}_{2,1} & \tilde{U}_{2,2} & \cdots & \tilde{U}_{2,L}\\ \vdots & \vdots & \ddots & \vdots\\ \tilde{U}_{N,1} & \tilde{U}_{N,2} & \cdots & \tilde{U}_{N,L}\end{bmatrix}_{L\times N}=\tilde{\mathbf{I}}_{\mathrm{MIMO}}\mathbf{S}(\mathbf{D},\ t,\ x)+\tilde{\mathbf{N}}_{\mathrm{MIMO}}(t) \tag{5-23}$$

式中，$\tilde{\mathbf{N}}_{\mathrm{MIMO}}(t)\in\mathbf{R}_{L\times N}$ 是由 $\tilde{\mathbf{N}}_{n,l}(t)$ 组成的噪声矩阵。

比较式(5-23)和式(5-18)可以看出，它们都包含原本的 $M\times N$ 维收发通道 $\mathbf{S}(\mathbf{D},\ t,\ x)$。但是，利用时分原理，耦合矩阵从 $1\times M$ 维向量 $\mathbf{i}_{\mathrm{MIMO}}$ 扩展为 $L\times M$ 维

矩阵 $\tilde{\mathbf{I}}_{\mathrm{MIMO}}$，接收信号也从 $1\times N$ 维矩阵 $\mathbf{u}_{\mathrm{MIMO}}$ 扩展为 $L\times N$ 维矩阵 $\widetilde{\mathbf{U}}_{\mathrm{MIMO}}$。

因此，只要发射电流的波形矩阵 $\tilde{\mathbf{I}}_{\mathrm{MIMO}}$ 是左可逆的，就可以通过对接收信号 $\widetilde{\mathbf{U}}_{\mathrm{MIMO}}$ 左乘 $(\tilde{\mathbf{I}}_{\mathrm{MIMO}})_{\mathrm{L}}^{-1}$，来恢复 MIMO 阵列的 $M\times N$ 维收发通道 $\mathbf{S}(\mathbf{D},\ t,\ x)$，即：

$$
\begin{aligned}
\widetilde{\mathbf{U}}_{\mathrm{MIMO}} &= (\tilde{\mathbf{I}}_{\mathrm{MIMO}})_{\mathrm{L}}^{-1}\widetilde{\mathbf{U}}_{\mathrm{MIMO}} = \\
&(\tilde{\mathbf{I}}_{\mathrm{MIMO}})_{\mathrm{L}}^{-1}\tilde{\mathbf{I}}_{\mathrm{MIMO}}\mathbf{S}(\mathbf{D},\ t,\ x)+(\tilde{\mathbf{I}}_{\mathrm{MIMO}})_{\mathrm{L}}^{-1}\widetilde{\mathbf{N}}_{\mathrm{MIMO}}(t) = \\
&\mathbf{S}(\mathbf{D},\ t,\ x)+(\tilde{\mathbf{I}}_{\mathrm{MIMO}})_{\mathrm{L}}^{-1}\widetilde{\mathbf{N}}_{\mathrm{MIMO}}(t)
\end{aligned}
\tag{5-24}
$$

式中，$(\cdot)_{\mathrm{L}}^{-1}$ 表示左逆。

将分离出的 $M\times N$ 维感应电动势矩阵 $\widetilde{\mathbf{U}}_{\mathrm{MIMO}}$ 中的各个元素按照收发距离由小到大堆叠起来，即：

$$
\underline{\mathbf{U}}_{\mathrm{MIMO-D}} = \mathrm{vec}(\widetilde{\mathbf{U}}_{\mathrm{MIMO}}) = \chi\,\mathbf{X}(\underline{\mathbf{d}})\mathbf{k}(t,\ x)+\underline{\mathbf{N}}(t) \tag{5-25}
$$

式中 $\underline{\mathbf{d}}=[\underline{d}_1,\ \underline{d}_2,\ \cdots,\ \underline{d}_{M\times N}]^{\mathrm{T}}\in\mathbf{C}^{(M\times N)\times 1}$ 是按递增顺序对式(5-20)各元素排序的结果；$\mathbf{X}(\underline{\mathbf{d}})=[\mathbf{v}(\underline{d}_1),\ \mathbf{v}(\underline{d}_2),\ \cdots,\ \mathbf{v}(\underline{d}_{M\times N})]^{\mathrm{T}}\in\mathbf{C}^{(M\times N)\times P}$ 为 $M\times N$ 个收发通道的导向矢量；$\underline{\mathbf{N}}(t)=\mathrm{vec}[(\bar{\mathbf{I}}_{\mathrm{MIMO}})_{\mathrm{L}}^{-1}\widetilde{\mathbf{N}}_{\mathrm{MIMO}}(t)]\in\mathbf{C}^{(M\times N)\times 1}$ 为噪声向量。

从式(5-25)中可以发现，利用 M 发 N 收的 MIMO 技术，在经过类似于发射波形设计和接收端处理后，其信号形式可以等效于第 2 章模型中一个 1 发 $M\times N$ 收的接收阵列，同样可以使用第 2 章中介绍的接收阵列收发距离拟合加权算法提高井下探测性能。但要注意的是，式(5-24)能够把 $M\times N$ 个通道的信号分离出来的必要条件是发射矩阵 $\tilde{\mathbf{I}}_{\mathrm{MIMO}}$ 存在左逆，即发射矩阵 $\tilde{\mathbf{I}}_{\mathrm{MIMO}}$ 是列满秩的，因此需要保证子发射周期数 L 大于等于发射阵元数 M，且需要设计发射矩阵使 $\mathrm{rank}(\tilde{\mathbf{I}}_{\mathrm{MIMO}})=M$。当子发射周期数 L 小于发射阵元数 M 时，发射矩阵 $\tilde{\mathbf{I}}_{\mathrm{MIMO}}$ 不存在左逆，且接收感应电动势矩阵维数过低，无法分离出 $M\times N$ 个通道信号。最简单的发射电流矩阵设计方法是令 $L=M$，并设计发射矩阵 $\tilde{\mathbf{I}}_{\mathrm{MIMO}}$ 为 $M\times M$ 维单位矩阵 $\mathbf{E}$。不同的发射电流矩阵会导致最终提取信号的噪声部分不同，可根据实际情况设计发射电流矩阵从而达到最优的性能。

在 MIMO 瞬变电磁阵列中，M 个发射阵元到 N 个接收阵元之间有 $M\times N$ 个收发通道，经过空时发射方法可以将 $M\times N$ 个收发通道分离开来用于进一步的信号处理。相比之下，同样由 $M+N$ 个阵元组成的发射或者接收阵列只能实现 $M+N-1$ 个收发通道。因此，空时 MIMO 瞬变电磁阵列可以用同样多的阵元数获得更多的收发通道，从而提高加权输出信号的信噪比。

5.3　MIMO 电磁发射阵列优化设计

5.3.1　MIMO 瞬变电磁阵列收发距离分析

如前文所述，理论上通过 M 阵元发射 N 阵元接收的 MIMO 阵列最多可以获取 $M\times N$ 个通道，且可以采用空时通道分离方法将 $M\times N$ 个通道分离出来，从而通过对信号进行加权处理提升信噪比。此外，MIMO 阵列分离后的各通道根据各自不同的收发距离可以等效为接收阵列的对应通道。但是，要充分利用 $M\times N$ 个收发通道需要使其相互独立，即具有不同的收发距离。在一发多收的接收阵列中，只要各接收阵元的位置不同，各通道的收发距离就不会重复，即各收发通道相互独立。而 MIMO 瞬变电磁阵列则不同，其各通道的收发距离如式(5-20)所示，不仅和接收阵元位置有关，还与发射阵元位置有关，收发距离可能存在重复。根据前文所述的 MIMO 瞬变电磁阵列空时通道分离方法，以 2 发 2 收 MIMO 阵列为例，图 5-3 给出了 2 种不同的 MIMO 阵列分布及其等效接收阵列。

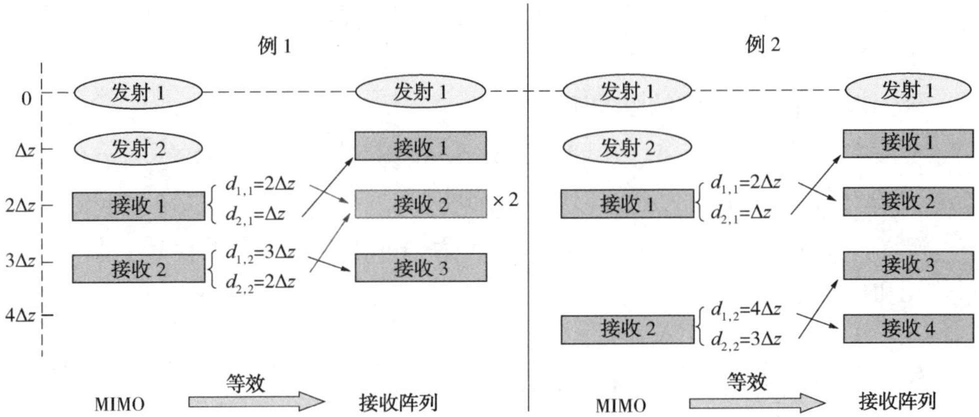

图 5-3　2 种 MIMO 瞬变电磁阵列及其等效的接收阵列

如图 5-3 所示，通过空时通道分离方法，这 2 种 MIMO 瞬变电磁阵列分布都可以分离出 4 个通道，其收发距离分别是 $d_{1,1}$、$d_{1,2}$、$d_{2,1}$、$d_{2,2}$，各通道可根据收发距离分别等效为接收阵列中对应的收发通道。在第 1 种 MIMO 瞬变电磁阵列分布中，$d_{1,1}$与 $d_{2,2}$相等，2 个收发通道的信号形式相同，都等效为接收阵列中发射阵元到第 2 个接收阵元的通道。而在第 2 种 MIMO 瞬变电磁阵列分布中，各通道的收发距离不同，可分别等效为 4 阵元接收阵列的收发通道。虽然 2 种 MIMO 阵列分布经过通道分离后的 $\mathbf{X}(\underline{\mathbf{d}})$ 都是 $4\times P$ 维矩阵，但是第 1 种 MIMO 阵列分布中存在收发距离相等的通道，分离后的 $\mathbf{X}(\underline{\mathbf{d}})$ 中存在相等的行向量，其行秩变为 3。根据前文所述，要使 $\mathbf{X}^{\mathrm{T}}(\underline{\mathbf{d}})\mathbf{R}_{\mathrm{U}}^{-1}\mathbf{X}(\underline{\mathbf{d}})$ 可逆（$\mathbf{R}_{\mathrm{U}}$ 为 $\underline{\mathbf{U}}_{\mathrm{MIMO-D}}$ 的自相关矩阵），需要保证高斯-勒让德积分代数精度 P 小于独立（收发距离不重复）的通道数，则分离后 $\mathbf{X}(\underline{\mathbf{d}})$ 行秩的降低可能导致近似误差的增大。因此，MIMO 瞬变电磁阵列的性能与其阵列分布有很大关系，在设计 MIMO 瞬变电磁阵列时需要考虑各通道的收发距离。

5.3.2 MIMO 瞬变电磁阵列优化设计

不同的 MIMO 瞬变电磁阵列设计对 $M\times N$ 个通道收发距离的影响不同，如果存在重复的收发距离，就会降低独立通道数，从而增加模型的近似误差。针对这一问题，本书介绍一种针对独立收发通道数的 MIMO 瞬变电磁阵列优化设计方法，可以使 MIMO 瞬变电磁阵列分离后各收发通道的收发距离不同。考虑到系统的加工难度和后续的阵列信号处理，所设计的 MIMO 瞬变电磁阵列中的发射阵列和接收阵列都是均匀线阵，且等效的接收阵列也为均匀线阵，即各通道的收发距离为等差数列。

令 MIMO 阵列各通道的收发距离为：

$$d_{m,n}\in\{\Delta z,\ 2\Delta z,\ \cdots,\ MN\Delta z\} \tag{5-26}$$

式中，Δz 为等效均匀线性接收阵列的阵元间距。

令 $z_{\mathrm{T},m}$为第 m 个发射阵元的位置，$z_{\mathrm{R},n}$为第 n 个接收阵元的位置，则每个发射阵元和接收阵元的位置可表示为：

$$\begin{cases} z_{\mathrm{T},m}=(m-1)\Delta z_{\mathrm{T}}+z_{\mathrm{T},1} \\ z_{\mathrm{R},n}=(n-1)\Delta z_{\mathrm{R}}+z_{\mathrm{R},1} \end{cases} \tag{5-27}$$

式中，Δz_{T}和 Δz_{R}分别为 MIMO 瞬变电磁阵列中发射阵列和接收阵列的阵元间距。

假设发射阵列的所有阵元位于接收阵列元素的上方(井轴方向)，则从第 m 个发射阵列元素到第 n 个接收阵列元素的收发距离可表示为：

$$d_{m,n}=z_{\mathrm{R},n}-Z_{\mathrm{T},m}=(n-1)\Delta z_{\mathrm{R}}+z_{\mathrm{R},1}-(m-1)\Delta z_{\mathrm{T}}-z_{\mathrm{T},1} \tag{5-28}$$

此时，第 1 个发射阵元到第 N 个接收阵元之间的收发距离最大，而第 M 个发射阵元和第 1 个接收阵元之间的收发距离最小，可以得到：

$$\begin{cases} d_{1,N}=MN\Delta z \\ d_{M,1}=\Delta z \end{cases} \tag{5-29}$$

此外，假设发射阵列的阵元间距 Δz_{T} 小于接收阵列的阵元间距 Δz_{R}，则 $d_{M-1,1}$ 应为仅大于 $d_{M,1}$ 的收发距离，即 $d_{M-1,1}=2\Delta z$。因此，发射阵列的阵元间距 Δz_{T} 与 MIMO 瞬变电磁阵列的等效阵列相同，即：

$$\Delta z_{\mathrm{T}}=d_{M-1,1}-d_{M,1}=\Delta z \tag{5-30}$$

令 $z_{\mathrm{T},1}=0$，将式(5-29)和式(5-30)代入式(5-28)，可以得到：

$$\begin{cases} \Delta z_{\mathrm{R}}=M\Delta z \\ z_{\mathrm{R},1}=M\Delta z \end{cases} \tag{5-31}$$

可以获得满足式(5-26)的 MIMO 瞬变电磁阵列的每个阵元的位置，其表达式如式(5-32)所示：

$$\begin{cases} \Delta z_{\mathrm{T},m}=(m-1)\Delta z \\ \Delta z_{\mathrm{R},n}=nM\Delta Z \end{cases} \tag{5-32}$$

根据式(5-32)可以获得设计的 MIMO 瞬变电磁阵列的分布和等效的接收阵列分布，如图 5-4 所示。

参照式(5-32)和图 5-4，MIMO 阵列中第 m 个发射阵元到第 n 个接收阵元之间的收发距离可以更新为：

$$d_{m,n}=z_{\mathrm{R},n}-z_{\mathrm{T},m}=(nM-m+1)\Delta z \tag{5-33}$$

则其与从第 k 个发射阵元到第 l 个接收阵元的收发距离 $\mathrm{d}_{l,k}$ 之间的差可以表示为：

$$d_{m,n}-d_{l,k}=(nM-m+1)\Delta z-(kM-l+1)\Delta z=[(n-k)M+(l-m)]\Delta z \tag{5-34}$$

由于 $l-m<M$，因此，只有当 $m=l$ 和 $n=k$ 时，式(5-34)才可为 0，即不同的收发通道的收发距离不相等。此外，从式(5-33)中可以看出，$M\times N$ 个通道的收发距离均为 Δz 的倍数，且最小为 Δz，最大为 $MN\Delta z$。则根据式(5-32)设计的 MIMO 瞬变电磁阵列各通道的收发距离分别为 Δz，$2\Delta z$，…，$MN\Delta z$，可等效为由

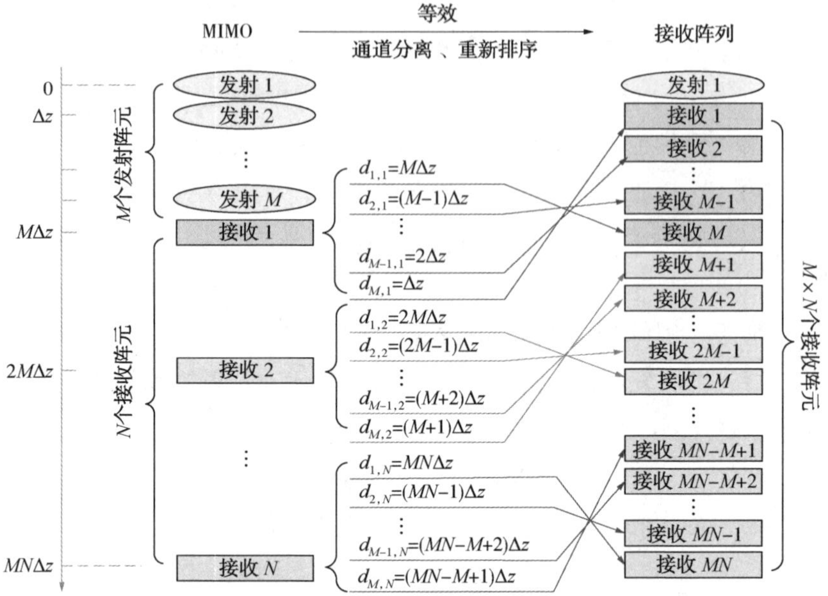

图 5-4 设计的 MIMO 瞬变电磁阵列和等效的接收阵列分布

1 个发射阵元和阵元间距为 Δz 的 $M\times N$ 个阵元接收阵列组成的接收阵列。根据本书前文介绍的空时通道分离方法，可以将设计的 MIMO 阵列的 $M\times N$ 个收发通道的信号分离出来并重新组合为如式(5-25)所示的形式，其信号形式与 1 发 $M\times N$ 收的接收阵列相同，收发距离矢量为：

$$\underline{\mathbf{d}}=[\Delta z \quad 2\Delta z \quad \cdots \quad MN\Delta z]^{\mathrm{T}} \tag{5-35}$$

因此，设计的 MIMO 瞬变电磁阵列可以分离出 $M\times N$ 个独立(收发距离各不相同)的收发通道，这不仅可以实现了通道数的倍增，提高了加权输出信号的信噪比，还容许选择更大的 P 从而减少近似误差。需要注意的是，本小节介绍的针对独立收发通道数的 MIMO 瞬变电磁阵列优化设计方法是基于每个收发通道的收发距离设计的。对设计的 MIMO 瞬变电磁阵列整体平移或者沿发射和接收线阵所在直线上的任意一点上下镜像翻转并不会改变各收发通道的收发距离。此外，对换 MIMO 瞬变电磁阵列中各发射阵元和接收阵元的功能，即将 M 发 N 收的 MIMO 瞬变电磁阵列转换为 M 收 N 发的 MIMO 瞬变电磁阵列，各收发通道的收发距离也不会改变。因此，上述修改后的 MIMO 瞬变电磁阵列设计方案也能够满足式(5-26)，即各收发通道的收发距离不等且间距为 Δz 的等差数列。

5.4 MIMO 电磁阵列仿真与实验分析

5.4.1 实验环境与方案

针对 MIMO 瞬变电磁阵列的空时通道分离方法可以通过 $M+N$ 个阵元获取 $M\times N$ 个收发通道，且在 5.3 节中介绍了针对独立收发通道数的 MIMO 瞬变电磁阵列优化设计方法，使得分离后的 $M\times N$ 个收发通道相互独立。MIMO 瞬变电磁阵列可以应用于多种井下电阻率的探测场景中，如救援井探测、储层探测和套管的无损检测等，其本质都是根据探测介质的电阻率反演探测目标参数。本书介绍的 MIMO 瞬变电磁阵列旨在提高接收加权输出信号的信噪比，如何通过响应信号计算反演周围介质的电阻率信息，并进一步获取要测量的目标数据并不是本书的研究重点，可以参考其他文献。接下来，以常见的井筒金属套管无损检测应用为例，通过仿真和实验来验证本书所提 MIMO 瞬变电磁阵列的空时通道分离方法和针对独立收发通道数的 MIMO 瞬变电磁阵列优化设计方法的有效性。在仿真实验中，采用厚度为 5.5mm 的标准 2⅞in 油管作为被测管柱，具体的仿真和实验参数如表 5-1 所示。

表 5-1 MIMO 瞬变电磁阵列仿真和实验参数

参数	符号	值
磁芯半径	r_1	28mm
阵元间距	Δz	20mm
接收阵元线圈匝数	N_R	462
发射阵元线圈匝数	N_T	88
接收阵元线圈线径	e_R	0.13mm
发射阵元线圈线径	e_T	0.33mm
阵列总长度	l_A	195mm
发射阵元长度	l_T	15mm
接收阵元长度	l_R	15mm

此外，为了清楚地说明 MIMO 瞬变电磁阵列的性能，仿真实验采用 3 发 3 收的 MIMO 阵列和传统的 1 发 9 收接收阵列进行对比，2 个阵列的结构如图 5-5 所示。实验中采用的瞬变电磁接收阵列系统共有 10 个阵元，包括 1 个发射阵元和 9

个接收阵元；MIMO 瞬变电磁阵列由 6 个阵元组成，包括 3 个发射阵元和 3 个接收阵元，各阵元位置根据前文所述的阵列优化设计方法布置。接收阵列和 MIMO 瞬变电磁阵列各发射阵元和接收阵元的参数相同。基于前文介绍的针对 MIMO 瞬变电磁阵列的空时通道分离方法，MIMO 瞬变电磁阵列可以通过 3 个发射阵元发射多个子周期的空时波形，并在接收端进行通道分离处理，从而获得可等效于接收阵列的 9 个收发通道。如前方所述，子周期的数量必须大于或等于发射阵元数，以确保发射电流矩阵能够存在左逆。为不失一般性，实验将每个发射周期拓展为 3 个子周期，如图 5-6 所示。在每个子周期中，发射阵元的发射波形为斜阶跃信号，其中包括用于激励磁场的 100ms 导通时间和用于接收采样的 200ms 关断时间。在图 5-6 中，$\tilde{I}_{m,l}$表示式(5-21)所提到的第 l 个子周期内第 m 个发射阵元的发射电流；$\widetilde{U}_{n,l}$表示式(5-22)所提到的第 l 个子周期内第几个接收阵元的感应电动势，可通过在不同时刻进行模数转换(ADC)采样获得。

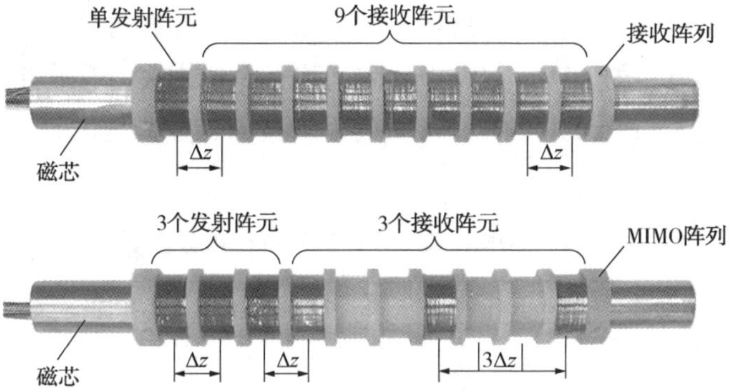

图 5-5　实验中 3 发 3 收 MIMO 瞬变电磁阵列和 1 发 9 收瞬变电磁接收阵列结构

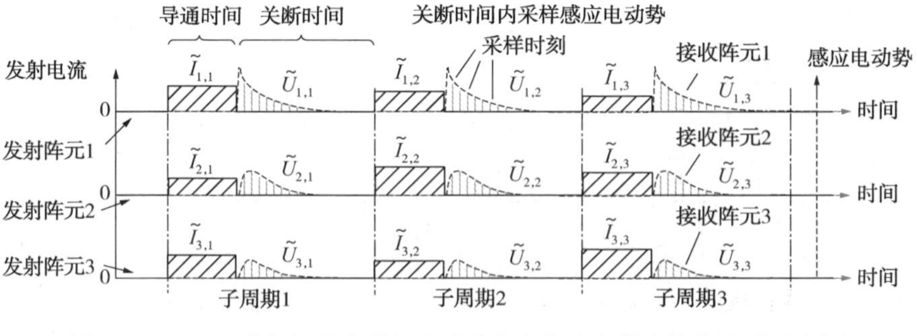

图 5-6　MIMO 瞬变电磁阵列空时通道分离方法发射和接收波形示意图

值得注意的是，由于每个发射阵元的发射功率受到发射系统功率、线圈线径等参数的限制，因此，每个子周期中每个发射阵元的电流值，即 $\tilde{\mathbf{I}}_{\mathrm{MIMO}}$ 的所有元素，不应超过其最大功率的对应阈值。假设每个发射阵元的电流阈值为 1A，式(5-36)为发射电流波形的一个简单示例：

$$\tilde{\mathbf{I}}_{\mathrm{MIMO}}=\begin{bmatrix}1 & 0.8 & 0.6\\ 0.8 & 1 & 0.8\\ 0.6 & 0.8 & 1\end{bmatrix}^{\mathrm{T}} \tag{5-36}$$

5.4.2　通道分离结果分析

将 MIMO 瞬变电磁阵列置于套管中心，以式(5-36)作为 MIMO 瞬变电磁阵列的发射电流波形矩阵，各接收阵元的原始信号和采用空时通道分离方法分离的 9 个收发通道数据如图 5-7 所示。

图 5-7(a)对比了图 5-5 中接收阵列 9 个阵元的感应电动势和 MIMO 瞬变电磁阵列 3 个接收阵元在 3 个子周期的感应电动势，其中，MIMO 瞬变电磁阵列第 n 个接收阵元在第 l 个子周期的感应电动势标记为接收 n 子周期 l。接收阵列的响应信号为收发距离由 Δz 至 $9\Delta z$ 的 9 个收发通道，与设计的 MIMO 瞬变电磁阵列的 9 个收发通道的收发距离相同。但如图 5-7(a)所示，MIMO 瞬变电磁阵列的 3 个子周期和 3 个接收阵元对应的 9 条感应电动势曲线与接收阵列的曲线有很大区别，这是因为在每个子周期中 MIMO 阵列的多个发射阵元被同时激励，其接收阵元的响应为各收发通道的叠加和耦合。图 5-7(b)显示了 MIMO 瞬变电磁阵列使用 5.2 节所介绍的空时通道分离方法分离出的 9 个通道的响应曲线，并与接收阵列的响应曲线进行对比。从图 5-7(b)中可以看出，MIMO 阵列分离后的 9 个收发通道的响应曲线与接收阵列的 9 个收发通道高度一致，这证明了针对 MIMO 瞬变电磁阵列的空时通道分离方法和针对独立收发通道数的 MIMO 瞬变电磁阵列优化设计方法的有效性。

基于 MIMO 瞬变电磁阵列的空时通道分离方法是一种折中方法，通过拓展发射周期，牺牲时间效率来实现收发通道分离，获取更多的收发通道。如本书前文所述，只要空时发射电流矩阵满足可逆性条件(存在左逆)，理论上就可以准确地将每个空时通道进行分离。然而，发射电流矩阵的设计不仅会影响系统功率的效率和通道分离的复杂度，还会改变通道分离矩阵，进而影响各分离通道的噪声。

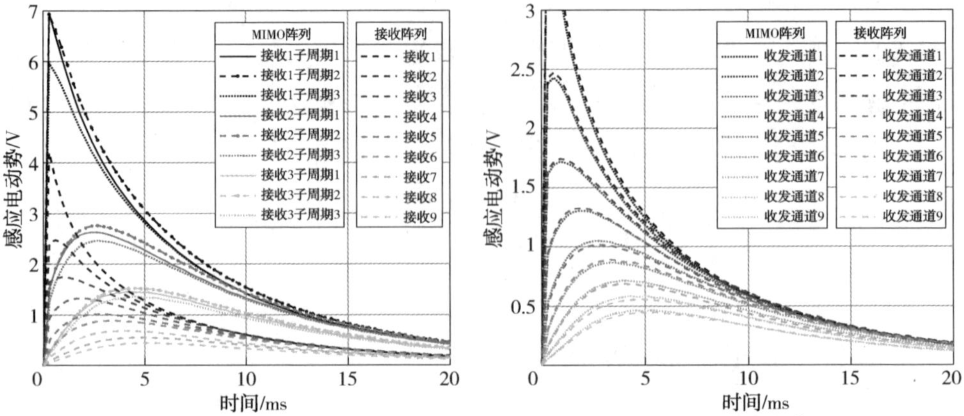

(a) 原始信号　　(b) 收发通道

图 5-7　各接收阵元的原始信号和采用空时通道分离方法恢复的 9 个收发通道信号对比

考虑到井下系统的应用场景，可以通过设计发射电流矩阵，简化发射电流加权和收发通道分离过程，减少通道分离矩阵对噪声的耦合。例如，当使用单位矩阵作为发射电流矩阵时，不需要对各接收信号进行分离即可获得各收发通道的响应。但是使用单位矩阵作为发射电流矩阵，每个子周期内只有一个发射阵元产生激励，发射功率的应用效率很低。如果为了最大限度地提高发射功率效率，令发射阵列的每个发射阵元在每个子周期都满功率发射，其发射电流矩阵的每个元素都为 1，将导致发射电流矩阵不可逆，无法分离出 $M \times N$ 个收发通道。在本书中，重点讨论 MIMO 瞬变电磁阵列的空时通道分离原理和可行性，发射电流矩阵的最佳波形设计将是未来一个非常有意义的研究方向。

5.4.3　多通道加权信噪比分析

为了进一步验证针对 MIMO 瞬变电磁阵列的空时通道分离方法的有效性，将 MIMO 瞬变电磁阵列置于一段 $2\frac{7}{8}$in 的套管中进行运动测量。实验套管的标准壁厚为 5.5mm，其外部加工了 4 种减薄缺陷，4 种缺陷的深度分别是 4mm、3mm、2mm 和 1mm，宽度均为 10mm，套管结构图如图 5-8(c)所示。使用图 5-5 中的 MIMO 瞬变电磁阵列和式(5-36)的发射电流矩阵，分离后的 9 个收发通道的响应如图 5-8(a)和图 5-8(b)所示。为便于对比分析，本次实验对每个收发通道的信号进行了归一化处理。

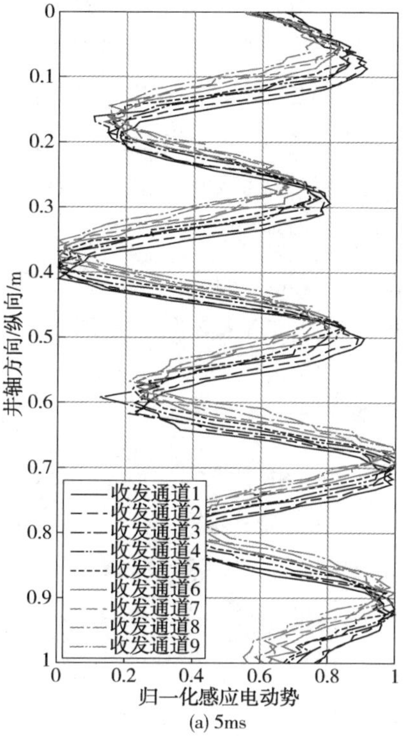

(a) 5ms

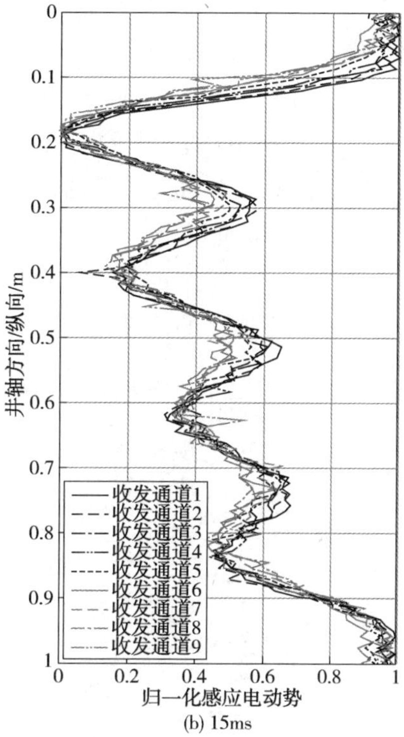

(b) 15ms

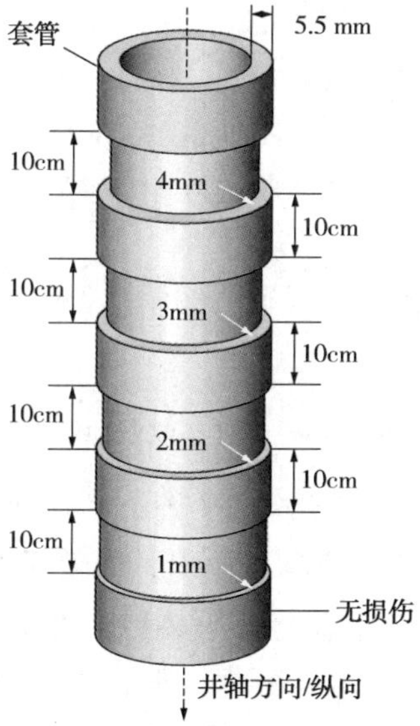

(c) 实验套管结构

图 5-8 MIMO 瞬变电磁阵列在不同时刻的 9 个归一化收发通道和对应的套管结构

图 5-8(a)和图 5-8(b)分别显示了不同时刻 MIMO 瞬变电磁阵列 9 个收发通道的归一化感应电动势，其中，图 5-8(a)为关断后早期(5ms)的感应电动势，图 5-8(b)为关断后晚期(15ms)的感应电动势。从图 5-8 中可以看出，根据空时通道分离方法，MIMO 瞬变电磁阵列可以分离出 9 个收发通道的信号。无论是早期还是晚期，分离后各收发通道的信号曲线都与套管壁厚的变化一一对应，套管 4 处减薄分别对应着曲线中 4 个幅值降低的波谷。为了进一步对比通道分离对信号处理性能的影响，采用本书第 2 章介绍的基于 LCMV 的收发距离拟合加权方法对分离后 9 个收发通道的信号进行加权，加权输出的结果如图 5-9 所示。

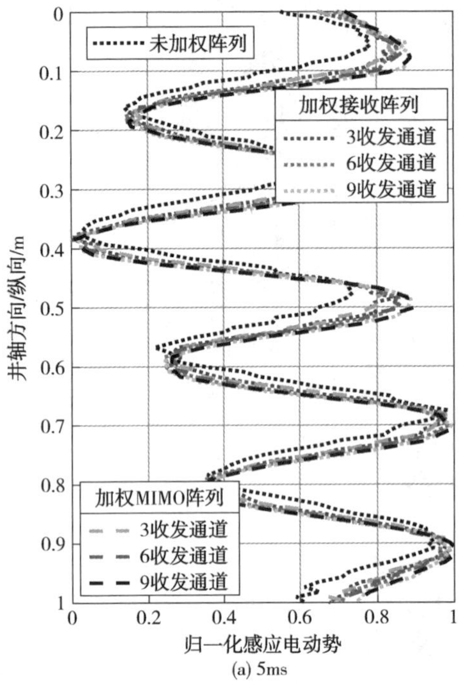

(a) 5ms

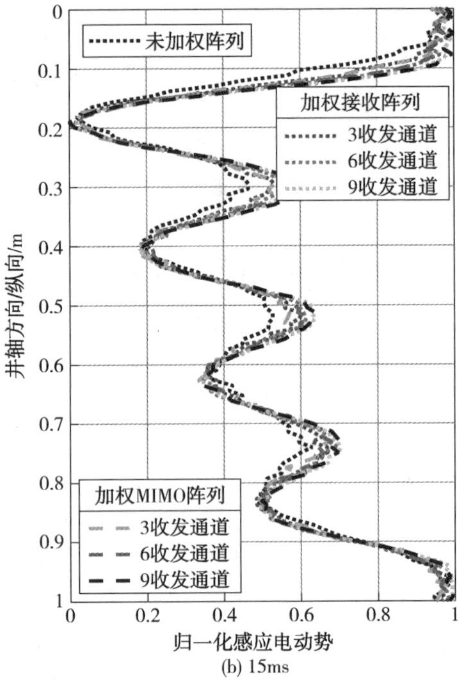

(b) 15ms

图 5-9　MIMO 瞬变电磁阵列各收发通道的归一化加权输出对比

图 5-9 比较了关断后早期和晚期 7 种不同阵列加权所输出的信号。其中，第 1 种情况为 9 个收发通道的简单求和输出，等效于将接收阵列的 9 个接收阵元串联为 1 个长接收线圈的感应电动势。第 2 种至第 4 种情况均为对 MIMO 瞬变电磁阵列分离后收发通道信号的加权输出，加权方法采用本书第 2 章所介绍的基于 LCMV的收发距离拟合加权方法。这 3 种情况参与加权的收发通道数目不同，分别为前 3 个、前 6 个以及全部 9 个收发通道。最后，为了与上述 3 种情况形成对比，

分别给出了对应接收阵列响应收发通道的加权输出。需要注意的是，MIMO 瞬变电磁阵列空时通道分离方法的主要目的在于，利用较少的阵元获取更多的收发通道，从而通过加权获取更高的通道增益，提高加权输出信号的信噪比。通过壁厚解释算法可以在加权输出信号的基础上计算套管壁厚，但对于同样的测量信号，使用不同的壁厚算法可能会反演出不同的壁厚。因此，只通过对比和分析加权输出信号即可有效表明本章所介绍方法的井下探测性能，不需要进一步解释套管的壁厚。

由图 5-9 可知，与使用基于 LCMV 的收发距离拟合加权方法的通道加权输出曲线相比，9 个收发通道的简单求和输出曲线存在显著失真，这是由各通道收发距离不同造成的影响。此外，使用基于 LCMV 的收发距离拟合加权方法的 6 个通道加权输出曲线比 9 个收发通道的简单求和输出曲线更加平滑，这说明其输出信号的信噪比更高。从图 5-9 中还可以看出，无论是 MIMO 瞬变电磁阵列还是接收阵列，随着加权收发通道数的增加，加权输出信号的性能(与输出信号的信噪比和失真程度有关)也会明显提高。此外，在收发通道数相同的情况下，MIMO 瞬变电磁阵列的加权输出信号与接收阵列的加权输出信号高度一致，这说明 MIMO 瞬变电磁阵列分离出的收发通道信号与接收阵列非常相近。因此，采用空时通道分离方法和针对独立收发通道数的 MIMO 瞬变电磁阵列设计方法，只有 6 个阵元的 MIMO 瞬变电磁阵列可以实现与 10 个阵元的接收阵列具有相同数量的收发通道和等性能的加权输出信号，能够在阵元数较少的情况下获取大量的收发通道，大大降低井下探测系统的复杂度。

5.4.4 数值近似误差分析

如前文所述，由于各收发通道相干信号的积累，随着收发通道数量的增加，加权输出信号可以实现更高的信噪比。此外，当独立的收发通道数增加时，可以选择更大的高斯-勒让德积分代数精度 P 以减少模型误差，提高加权系数的准确性。不同的阵元数(发射阵元数和接收阵元数之和)和不同的阵列形态(瞬变电磁发射阵列、瞬变电磁接收阵列和 MIMO 瞬变电磁阵列)都会改变收发通道的数量，从而影响模型近似误差和加权的性能。为不失一般性，采用加权输出的均方根误差(RMSE)进一步验证本书所介绍方法对收发通道数和加权性能的影响。其中，RMSE 定义为：

$$\mathrm{RMSE} = \sqrt{\frac{1}{P_{\mathrm{B}}}\sum_{p=1}^{P_{\mathrm{B}}} \{\mathbf{v}(0)_p - [\mathbf{w}^{\mathrm{T}}\mathbf{X}(\bar{\mathbf{d}})]_p\}^2} \tag{5-37}$$

式中，$\mathbf{v}(0)_p$ 和 $[\mathbf{w}^{\mathrm{T}}\mathbf{X}(\bar{\mathbf{d}})]_p$ 分别为向量 $\mathbf{v}(0)$ 和 $\mathbf{w}^{\mathrm{T}}\mathbf{X}(\bar{\mathbf{d}})$ 的第 p 个元素；$\mathbf{w}$ 为使用 LCMV 方法获得的加权矢量，其维数与系统的收发通道数 c 相同。在仿真实验中，通过令 $P_{\mathrm{B}}=256$ 保证高斯-勒让德积分的近似误差足够小，则 $\mathbf{X}(\bar{\mathbf{d}})$ 为 $c\times P_{\mathrm{B}}$ 维的导向矢量。RMSE 的仿真结果如图 5-10 所示。

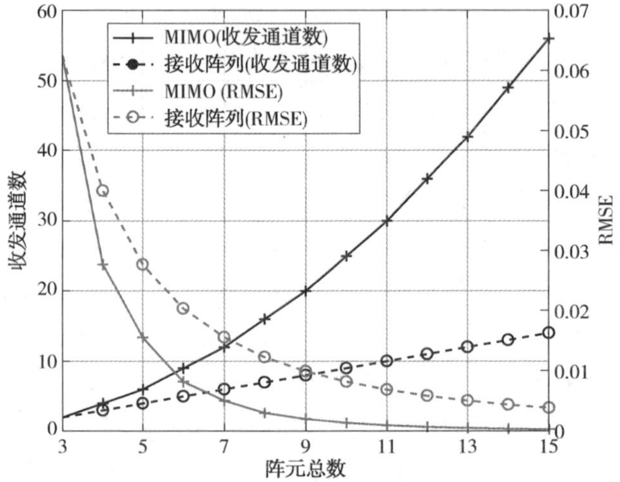

图 5-10 MIMO 瞬变电磁阵列和接收阵列的收发通道数和 RMSE 与阵元总数的关系对比

图 5-10 对比了不同阵元总数下 MIMO 瞬变电磁阵列和瞬变电磁接收阵列的最大收发通道数和相应的 RMSE。对于瞬变电磁发射阵列而言，在同样的阵元数下，其获得的收发通道数与瞬变电磁接收阵列相同，相应的 RMSE 也相同。从图 5-10 中可以看出，随着阵元总数的增加，瞬变电磁接收阵列和 MIMO 瞬变电磁阵列可以实现的最大收发通道数也都会增加。但是，由于 MIMO 瞬变电磁阵列采用多发射多接收结构，收发通道数倍增，MIMO 瞬变电磁阵列可以获得比传统接收阵列更多的收发通道，并且阵元总数越多，收发通道数增加得越多。对于相同数量的阵元，MIMO 瞬变电磁阵列的 RMSE 也小于接收阵列，因为其可以利用更多的收发通道数，通过增大参数 P 有效减少近似误差。因此，针对 MIMO 瞬变电磁阵列的空时通道分离方法可以通过更少的阵元数实现与瞬变电磁接收阵列(或瞬变电磁发射阵列)具有相同的收发通道数和加权性能，使瞬变电磁阵列井下探测系统的复杂度和成本显著降低。

第 6 章　井下瞬变电磁阵列技术的发展新趋势

6.1　定向探测技术

6.1.1　井下定向探测的背景与意义

在当今的能源开采及众多井下工程作业领域，井下电磁定向探测已成为备受关注的关键技术，它的出现与发展有着特定的背景，且意义重大。井下环境具有鲜明的特点，其空间呈现出狭长的形态，使工作人员难以直观地了解井下的实际状况。在众多井下作业场景中，如定向钻井、定向注水以及全面掌握井下能源状态等工作，对于探测的精细化程度要求极高。

在勘探阶段，井下电磁定向探测的意义尤为显著。探测目标的方位信息的准确性对于精确评价目标特性至关重要，它是制订下一步勘探计划的重要依据。例如，在石油、天然气等能源的勘探中，不同地层的结构、含油气层的分布等都是需要重点了解的目标内容。知晓这些目标的方位，勘探人员就可以更准确地分析地层的走向、倾斜程度以及不同地层之间的接触关系等地质特征。以石油勘探为例，如果能够通过定向探测明确含油层的具体方位，那么在后续规划钻孔位置、确定钻孔深度以及设计钻进角度等方面就可以做到有的放矢，避免盲目钻探导致的资源浪费以及成本增加。同时，方位信息还能帮助勘探人员判断地下是否存在断层、褶皱等地质构造，以及这些构造对能源储存和流动的影响，进而更深入地揭示潜在的能源富集区域，为后续大规模的开采活动提供科学且详细的前期勘探资料，大大提高整个勘探工作的效率和质量。

在定向钻井这一关键的井下作业环节中，井下电磁定向探测更是不可或缺。准确识别周围套管的方位对于钻井方向的及时调整至关重要。在遇到井喷等紧急事故需要连通事故井进行救援时，凭借精确的方位信息，钻井团队可以引导钻头准确无误地朝着目标事故井钻进，最大限度地缩短救援时间，避免因钻井方向出现偏差而延误最佳救援时机，减少事故带来的人员伤亡和财产损失，保障井下作业环境的安全稳定。而在正常的定向钻井作业过程中，清楚掌握周围套管以及其他井下设施的方位，能让钻井操作人员提前做好规划，合理避开这些已有的井下结构，防止发生碰撞事故。一旦发生碰撞，很可能导致套管损坏、井眼坍塌等严重后果，不仅会影响当前钻井工作的顺利进行，还可能对后续的生产作业造成长期的不利影响，所以定向探测在保障定向钻井的安全和质量方面有着不可替代的作用。

在生产井的运行过程中，井下电磁定向探测同样有着重要意义。一方面，对于套管来说，其长期承受井下复杂环境的作用，各方向的壁厚均可能出现不均匀变化。通过定向探测，可以精确评价套管各方向的壁厚，及时发现那些壁厚变薄或者出现损伤的部位，进而提前采取相应的加固、修复等措施，有效预防因套管损坏而引发的井下事故，如地层流体泄漏、井壁坍塌等，从而延长生产井的使用寿命，确保能源开采工作能够持续稳定地进行。另一方面，在很多采用注水驱油等提高采收率方法的生产井中，准确过套管识别各向水驱界面是优化生产方案的关键环节。利用井下电磁定向探测技术，能够清晰地掌握不同方向上的水驱情况，包括水的推进方向、波及范围等重要信息，基于这些精确的方位信息，就可以对注水的方向、流量等参数进行及时且合理的调整，使注水作业达到最佳效果，提高能源的采收率，保障能源开采的经济效益和可持续性。

然而，目前瞬变电磁井下探测在定向方面面临诸多困境。

1）受限于瞬变电磁全向发射的探头体制，为了适应井下狭长空间，一般使用纵向放置的螺旋线圈作为发射探头。这种探头构造使得电磁能量向周围360°环向均匀传播，其直接后果就是在接收信号中根本无法分离出方位信息。这意味着，通过常规的探测方式，只能大概知道目标是否存在于一定范围内，却无法确定其具体的方位所在。这在实际的井下作业应用中是远远不够的，就如同在茫茫黑暗中只能感知到有物体，却不清楚它在哪个方向，难以开展精准的操作。

2）井下的特殊环境对探测系统硬件提出了严苛的限制。由于井下通常存在高温高压的条件，为保障探测工作的稳定持续进行，整个探测系统的稳定性必须满足很高标准。在这样的背景下，井下探测系统的硬件复杂度不能太高，因为过于复杂的硬件结构更容易在恶劣环境下出现故障，且维修难度极大。如地面雷达机械转动方法，虽然在地面环境中可以通过机械转动来改变探测方位，进而获取不同方向上的信息，但在井下这种特殊且恶劣的环境里很难适用。井下空间本就狭窄，安装大型的机械转动装置将面临着空间不足的问题，而且高温高压容易使机械部件损坏、变形，导致其无法正常运转，从而丧失了通过这种方式获取方位信息的可能性。

3）尽管人们尝试采用包含横向探头的三分量瞬变电磁探头或者不同方位的多个接收探头来实现简单的定向探测，可由于井下狭小空间的限制，这些方法在提升方向探测能力方面十分有限。若在井下有限的空间内增加探头数量或者改变探头类型，将会面临探头安装位置难协调、线路铺设杂乱且容易出现信号干扰等诸多问题。即使在一定程度上能获取部分与方位相关的线索，但距离满足井下各类复杂作业对定向探测精准度的要求还有很大差距，很难为实际的井下作业提供可靠且精确的方位数据支持。

综上所述，井下电磁定向探测技术在井下作业的多个方面都具有至关重要的作用，尽管目前面临诸多技术局限，但不断推进其发展完善对于提升井下作业的整体水平、保障能源开采以及井下工程的安全高效开展有着深远且重大的意义。

6.1.2　井下电磁探测定向磁场分布解析

在井下进行定向电磁探测时，关键在于精准锁定目标区域并获取有效信息。而要实现这一目标，其能力与磁场的定向分布联系紧密。定向探测旨在让电磁信号朝着特定方向准确传播至目标处，这就要求磁场能够按预期定向分布，为电磁能量指明前行方向。只有磁场合理定向，才能避免信号分散，确保在抵达目标区域时仍有足够强度，更有效地与地质体作用，带回清晰、有价值的探测结果。定向磁场分布情况犹如一把隐藏在井下的“钥匙”，掌握了它，便能更好地从复杂的电磁信号中提取方位信息，为井下的各类作业提供坚实的技术支撑。

井下电磁探测中影响定向磁场分布的因素，主要包括探头结构与放置方式、井下介质特性和井下环境因素。其中，井下的介质特性，包括地层的导电性、导磁性以及介电常数等，对定向磁场分布有着不可忽视的影响。不同地层的导电性差异巨大，如含油层、含水层以及岩石层等，导电性较好的地层对磁场的影响更为明显，会使磁场在其中传播时衰减速度不同，并且产生的二次磁场强度也不一样。导磁性地层则会改变磁场的磁力线走向，使磁场更容易沿着其磁性方向汇聚或者发散，从而影响磁场在不同方位上的分布情况。介电常数同样会通过影响电场与磁场的耦合关系，间接作用于磁场的传播和分布。在解析定向磁场分布时，必须充分考虑井下不同介质的这些特性，结合地质勘探资料对不同区域的地层情况进行详细分析，才能准确把握磁场在井下各个方位上的真实分布状态。

井下高温高压的恶劣环境，除对探测系统硬件有影响外，也会对定向磁场分布产生一定作用。高温可能会导致一些磁性材料的磁性能发生变化，如探头中的磁性元件或者井下地层中含有的磁性矿物等，其磁导率等参数会随温度改变，进而影响磁场的传播和分布。高压环境下，地层的致密程度等可能发生变化，这也会改变地层对磁场的响应特性，使磁场在高压区域周围的分布与常压情况下有所不同。此外，井下存在一些复杂流体流动的情况，如注水过程中的水流或者油气开采时的流体运移，这些流动的物质带有一定的导电性和流动性，会对周围磁场产生扰动，干扰原本的定向磁场分布，所以在研究和解析定向磁场分布时，需要综合考量这些井下环境因素带来的影响。

井下电磁探测所采用的探头结构及其放置方式对定向磁场分布具有直接且显著的影响，也是探测人员在实际操作过程中相对易于进行人为调控的因素。如前文所述，传统纵向放置的螺旋线圈发射探头会使电磁能量向周围360°环向均匀传播，难以分离出方位信息，这是因为其磁场分布呈现出轴对称的特点，在不同方位上磁场强度的变化不明显，不利于定向探测。若采用包含横向探头的三分量瞬变电磁探头，其磁场分布就会相对复杂，在不同坐标轴方向上会有不同的磁场分量，通过分析这些分量的大小、相位等信息，可以在一定程度上获取方位线索，但又受限于井下狭小空间以及多个分量之间的相互干扰等问题。探头的放置角度同样关键，即使是同样的探头类型，不同的放置角度会导致磁场初始的传播方向改变，进而影响井下整个空间的磁场分布形态以及最终在目标物体处产生的二次磁场情况，所以合理设计探头结构并优化其放置方式是改善定向磁场分布、提高定向探测能力的重要途径。

常用的解析井下电磁探测定向磁场分布的方法，包括实验测量与数据分析和数值模拟方法。在实际井下环境中或者模拟井下环境的实验室条件下进行实验测量是解析定向磁场分布的重要途径。通过在井下或模拟井下布置多个磁场传感器，在不同位置、不同时刻采集磁场的数据，然后运用信号处理、数据分析等技术对海量的数据进行处理。例如，可以采用频谱分析方法分析磁场信号的频率成分，不同方位上的磁场信号频率可能存在差异，借此可以区分方位；也可以利用相关分析等方法研究不同传感器采集到的磁场信号之间的关联性，推断磁场在不同方位上的传播规律。同时，结合已知的井下目标物体位置、介质情况等信息，对比分析测量得到的磁场分布数据与理论预期的差异，进一步完善对定向磁场分布的认识，验证和改进解析方法，提高解析的准确性和可靠性。

此外，数值模拟是解析井下电磁探测定向磁场分布常用且有效的方法之一。通过利用有限元分析、有限差分等数值计算手段，基于前面提到的电磁感应原理、麦克斯韦方程组以及考虑各种影响因素，建立井下空间的几何模型和电磁场模型。将井下的探头结构、地层分布、介质特性等信息输入模型中，然后利用计算机强大的计算能力，模拟出在不同条件下磁场在井下空间的分布情况，得到不同方位上磁场强度、方向等详细数据。例如，可以模拟在不同探头放置角度下，磁场在含油层、套管周围等重点区域的分布变化，直观地观察磁场的传播路径以及各方位上的磁场特征，为后续的定向探测数据解读和方位判断提供参考依据。并且，数值模拟可以方便地进行参数调整和对比分析，研究不同因素对磁场分布的影响程度，有助于优化探测方案和探头设计。

COMSOL Multiphysics 是一个基于有限元的多物理场仿真平台，广泛应用于三维正演模拟研究。利用 COMSOL Multiphysics 的磁场(MF)模块可以对井下电磁场进行三维正演模拟。图 6-1 展示了计算区域的三维正演模拟情况，该计算区域是一个半径为 100mm、高为 200mm 的圆柱体，被划分为空气、管道等多个同轴层。模拟中所使用的管道是标准的 4in 管，壁厚为 8.56mm。将管道的方向定义为 z 轴，并假定管道无弯曲情况。空心发射线圈是一种外径为 15mm、高为 25mm 的圆柱形结构，它与套管同轴放置，其纵向中心位于 $z=0$ 平面上。

磁场分布的模拟结果如图 6-2 所示，其中，发射线圈的电流设定为 1A。需要注意的是，激励电流的波形(如方波或正弦波)不会影响磁场的圆周分布。由于发射线圈呈圆柱形且与管道的圆柱形状同轴，在这种情况下，发射线圈的尺寸可以被调整到最大。然而，从图 6-2 中可以看出，磁场在圆周方向上是均匀的，这意味着磁场对不同方向目标的影响是相同的。在这种情况下，只能通过设计接收器的位置或结构获得方位分辨率。下面以金属管道检测为例，分析发射线圈形状对金属管道圆周磁场分布的影响。在裸眼井地层探测时，磁场的圆周分布情况与之类似。

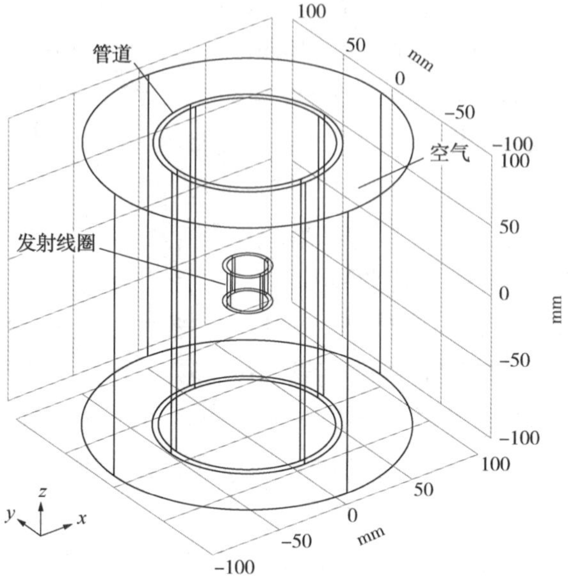

图 6-1　井下电磁探测三维模拟示意图

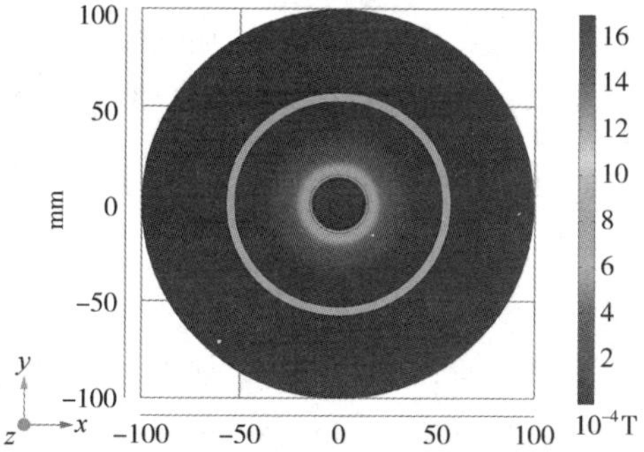

图 6-2　发射线圈磁场分布模拟图

可以通过改变发射线圈的形状或方向从而改变发射磁场的圆周分布情况。图 6-3(a)展示了矩形发射线圈磁场分布的模拟结果，该矩形发射线圈的传感器长、宽、高分别为 80mm、30mm、25mm，纵向(沿管道轴线方向)放置，且中心轴线与管道的中心轴线重合。图 6-3(b)展示了横向圆柱形发射线圈磁场分布的模拟结果，其参数与图 6-1 中的发射线圈相同，在管道中心处沿水平放置。矩形发射线圈短边(0°和 180°方向)处的磁场更强，因为在该方向上其更靠近管道。同样地，横向圆柱形发射线圈两侧(0°和 180°方向)的磁场强度也比其他方向更强。然而，磁场分布仍保持中心对称，这意味着 x°方向的磁场分布与 180°+x°方向的磁场分布是相等的。

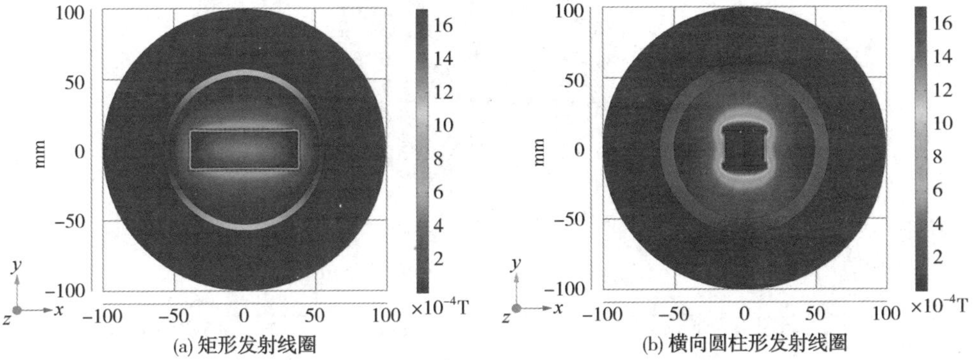

图 6-3　不同结构发射线圈磁场分布模拟图

发射线圈的另一种结构如图 6-4 所示，其中，发射线圈偏心放置，即其中心位置与套管中心位置不同，此外，发射线圈的参数与图 6-1 中的相同。偏心圆柱形发射线圈的磁场模拟结果如图 6-5 所示。靠近发射线圈一侧的磁场强度大于远离发射线圈一侧。通过这种方式，偏心圆柱形发射线圈也能够改变发射磁场的圆周分布情况，可以使发射线圈更靠近感兴趣的探测方向，从而提高方位分辨率并确定目标方向。

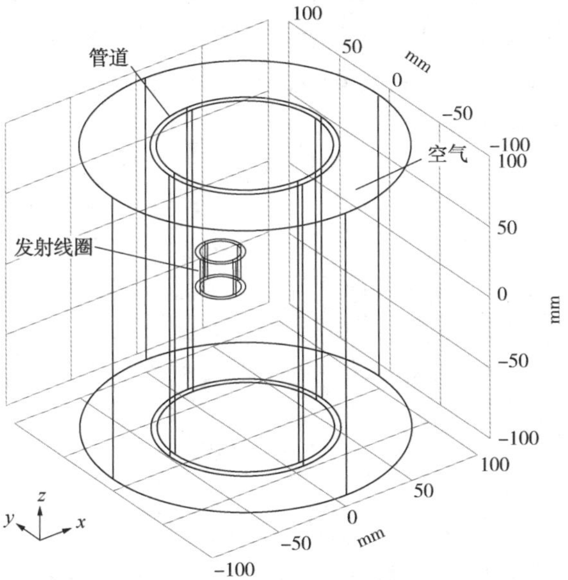

图 6-4　使用偏心圆柱形发射线圈的井下电磁探测示意图

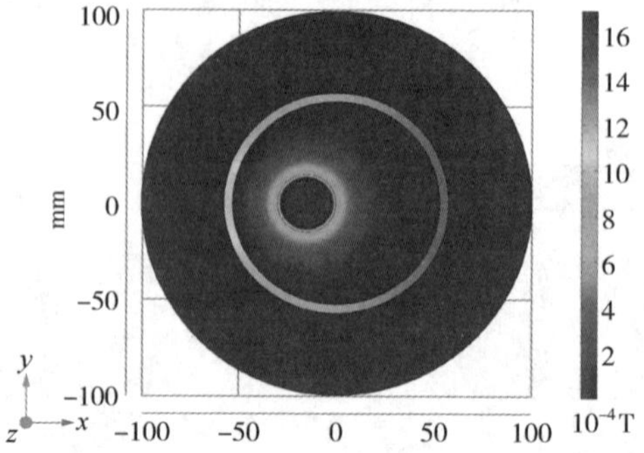

图 6-5　偏心圆柱形发射线圈磁场分布模拟图

为了对比较结果进行量化，图 6-6 展示了不同结构发射线圈在 r_1 = 55. 01mm(管壁中心)处的圆周磁场分布情况。在不失一般性的情况下，图 6-6 展示了 r_1 = 55. 01mm 处的归一化磁场。该图表明，位于中心的圆柱形发射线圈在 r_1处各个方向上的磁场强度是相等的，这与矩形发射线圈、横向圆柱形发射线圈以及偏心圆柱形发射线圈的情况不同。作为对比，矩形发射线圈和横向圆柱形发射线圈的磁场分布是中心对称的，存在 180°模糊性。此外，如图 6-7 所示，横向圆柱形发射线圈的最大磁场值(在 180°方向)与最小磁场值(在 90°方向)之间的差值比矩形发射线圈更为显著。由于矩形发射线圈的尺寸大于横向圆柱形发射线圈，所以矩形发射线圈的整体磁场强度高于横向圆柱形发射线圈。与其他结构的发射线圈相比，偏心圆柱形发射线圈的磁场分布在圆周方向上只有一个峰值。

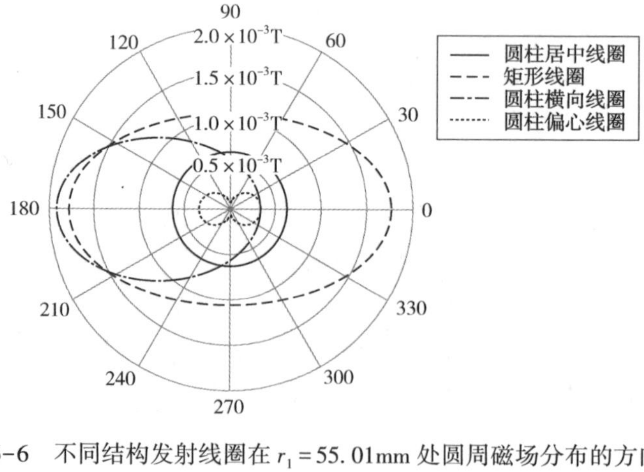

图 6-6　不同结构发射线圈在 r_1 = 55. 01mm 处圆周磁场分布的方向图

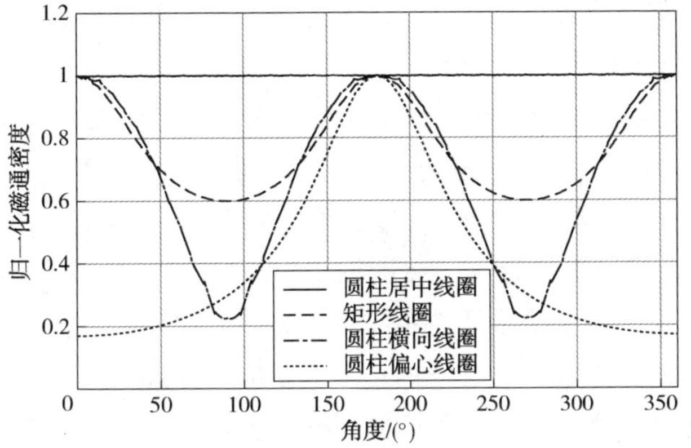

图 6-7　不同结构发射线圈在 $r_1=55.01$mm 处的归一化圆周磁场分布

为了进行更深入的比较，本书对具有不同偏心距的偏心发射线圈的圆周磁场分布进行了模拟，结果如图 6-8 所示。此外，利用 3dB 波束宽度分析圆周磁场分布的性能，结果显示在图 6-8 左上角。由于磁场分布具有轴对称性，图 6-8 仅展示了 0°~180°的圆周磁场分布情况。从图 6-8 中可以看出，偏心距越大，波束宽度越宽，这可能会带来更好的方位分辨率。相应地，偏心距越大，对发射线圈尺寸的限制也就越大，从而影响发射磁场的强度。

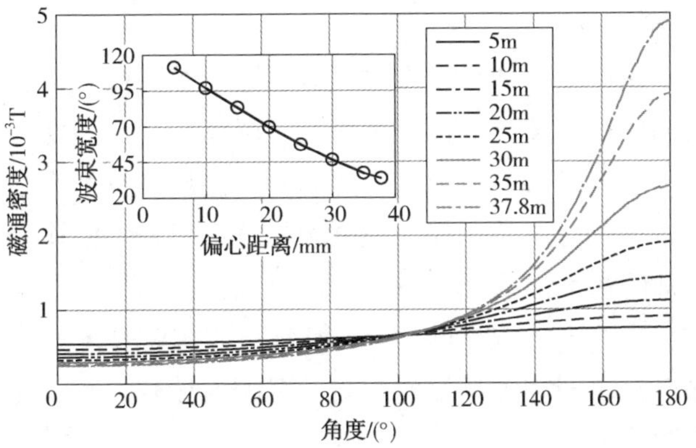

图 6-8　不同偏心距的偏心圆柱形发射线圈的周向磁场分布及波束宽度

位于中心的圆柱形发射线圈可以通过进一步增大其尺寸和匝数来提高发射磁场的整体强度。然而，其发射磁场在圆周方向上均匀分布，导致方位分辨率较差。改变发射线圈的结构(包括其形状、位置和倾斜角度)将会牺牲用于增加线圈尺寸和匝数的空间，进而影响发射磁场的整体强度。因此，井下电磁探测需要牺牲发射磁场的整体强度以获得更好的方位分辨率。在实际应用中，发射线圈的选择和设计必须依据具体情况确定。

从上述所呈现的一系列仿真结果中可知，就单个探头而言，其磁场分布在定向分辨能力方面呈现出较为显著的局限性。具体表现为，单个探头所产生的磁场往往在空间各方向上缺乏足够的差异性，这使得在进行定向探测时，难以精准地区分不同方位上的目标信息，进而导致定向分辨的精度和效率都受到较大程度的制约。

而电磁阵列这一技术手段的应用，则为突破上述局限、提高定向探测能力提供了极具潜力的解决方案。电磁阵列是由多个电磁探头按照特定的布局方式组合而成的系统，通过多个探头之间的协同工作以及对各自所获取电磁场信息的综合处理，构建出更为复杂且多样化的磁场分布模式，从多个角度对目标区域进行观测，进而大大增强对目标方位的识别和分辨能力。值得注意的是，在本书所介绍的诸多方法中，所涉及的大部分电磁阵列探头布局均呈现出纵向排列的特点。这一现象并非偶然，实则是与井下孔内独特的狭长空间环境息息相关。井下环境不同于地面等开阔空间，其空间狭窄且具有明显的纵向延伸特性，这就对电磁阵列的布局方式提出了特殊要求。纵向排列的方式能够更好地适应井孔的空间形态，并且在这样的布局下，各个探头所产生的磁场相互叠加、相互作用，有助于增强纵向的磁场分辨能力，从而为获取井下纵向不同深度层面的地质信息以及目标体特征等提供有力支持。

随着科技的不断进步，如今微型磁阻传感器等新型探头逐渐崭露头角，这类探头凭借其小巧的体积、较高的灵敏度以及对磁场变化更为精准的响应能力，为井下电磁阵列技术注入了新的活力。与此同时，磁聚焦技术也在持续发展并日益成熟，它能够对磁场进行有效调控，使磁场能量更加集中地作用于目标区域，进一步提升了对目标的探测效果和分辨能力。可以预见的是，在微型磁阻传感器等新型探头以及磁聚焦技术的双重助力下，井下电磁阵列技术必将迎来更为广阔的发展前景，势必会在定向探测领域实现新的突破与提升。

6.2 未来改进与发展方向探讨

6.2.1 技术融合趋势

井下瞬变电磁阵列技术在未来的发展中，与其他相关技术的融合将成为一个显著趋势，这种融合有望突破现有技术的局限，实现更高效、更精准的井下探测。

一方面，与物探领域其他方法的融合前景广阔。例如，与地震勘探技术的深度融合备受关注。在某大型油田的二次开发项目中，由于经过多年开采，地下剩余油分布情况复杂，仅依靠井下瞬变电磁阵列技术难以全面准确地掌握油层的详细信息。于是，相关工作人员先利用地震勘探技术对整个油区进行了大面积的扫描，通过分析地震波反射数据，清晰地勾勒出了地下地层的整体结构框架，包括主要的储层、隔层以及可能存在的断层位置等信息。随后，在此基础上运用井下瞬变电磁阵列技术，针对重点怀疑区域进行精细的电磁特性探测，进一步分析各油层的电阻率、含水性等物理参数变化情况，从而精确判断出剩余油的富集区域和可采储量，为制订科学合理的注水、采油方案提供了有力支持，最终显著提高了原油采收率。

此外，与重力勘探、磁力勘探等技术的融合也具有很大潜力。在一处铁矿区的勘探中，重力勘探首先发现了地下存在明显的重力异常区域，暗示着可能有大规模的高密度矿体存在。磁力勘探则进一步确定了该区域具有较强的磁性特征，符合铁矿体的特性。随后，井下瞬变电磁阵列技术被引入，通过在钻孔中进行电磁探测，详细分析了矿体的电磁响应特征，准确判断出矿体的边界、品位以及延伸深度等关键信息，为后续的开采规划提供了全面、准确的依据。这种多技术融合的方式，从不同物理属性角度对地下目标进行综合分析，通过多源数据融合、联合反演等方法，构建出更全面、准确的井下地质模型，为资源勘探和地质灾害评估等提供了更可靠的依据。

另一方面，与新兴的信息技术融合也将为井下瞬变电磁阵列技术带来新的活力。大数据技术的应用可以对海量的井下探测数据进行有效的存储、管理和分析。例如，在一个长期的矿井地质监测项目中，井下瞬变电磁阵列持续不断地采集大量的电磁信号数据，这些数据量庞大且复杂。借助大数据平台，不仅可以实现数据的快速检索和分类整理，还能通过数据挖掘算法发现不同数据之间的潜在关联，如发现特定地层区域电磁参数随时间的周期性变化与矿井涌水风险之间的关系，从而为提前预测地质变化、采取相应的防范措施提供有力支持。

人工智能技术同样在井下瞬变电磁阵列技术的改进中扮演着重要角色。机器学习算法，如深度学习中的卷积神经网络（CNN）、递归神经网络（RNN）等，可以用于对井下电磁信号的自动识别和分类。在某多金属矿的井下勘探中，利用大量已标注的不同金属矿石电磁响应特征数据对 CNN 模型进行训练，训练后的模型在实际探测中能够快速准确地根据电磁阵列接收到的信号区分不同金属矿石对应的电磁响应特征，进而判断矿石种类和品位估算精度，帮助工作人员更高效地评估矿产资源价值。此外，智能优化算法还可以用于井下瞬变电磁阵列的参数优化，如阵元布局、激励频率选择等，以实现最佳的探测效果。

总之，技术融合将促使井下瞬变电磁阵列技术不断拓展其应用边界，提升其在复杂地质环境下的应用能力，更好地满足资源勘探、地质灾害预警等多方面的需求。

6.2.2 新型材料与器件的影响

新型材料与器件的不断涌现和应用，对井下瞬变电磁阵列技术的发展有着深远的影响。它们为提高设备性能、降低成本以及拓展应用范围提供了新的途径。

在材料方面，高性能的电磁材料是提升井下瞬变电磁阵列性能的关键因素之一。例如，在某复杂地层的井下探测项目中，传统电磁传感器由于受到井下强干扰环境影响，对微弱磁场信号的感应能力有限，导致探测分辨率不高。后来采用了新型高磁导率、低损耗的软磁材料作为传感器磁芯，这种材料能够有效聚集和引导磁场线，显著增强传感器对微弱磁场的感应能力，使传感器在井下复杂且存在诸多干扰的电磁环境中，能够更精准地捕捉来自目标区域的微弱电磁信号变化，从而清晰地分辨出岩石裂缝、薄矿层等细微地质特征，为准确探测地质结构和目标体信息奠定了基础。

同时，一些具有特殊电磁特性的复合材料也备受关注。它们可以根据实际需求进行定制化设计，通过调整材料的组成和结构，实现对特定频段电磁信号的高效响应，满足不同地质条件和探测目标下的应用要求。例如，在针对某一特定频段电磁信号敏感的矿产资源勘探中，使用了专门研发的复合材料制作电磁传感器，有效提高了对该频段信号的接收和分析能力，提升了探测效率和准确性。

超导材料的发展同样为井下瞬变电磁阵列技术带来了新的机遇。超导材料在低温环境下具有零电阻和完全抗磁性等独特性能，将其应用于电磁发射和接收阵列中，能够极大地降低信号传输过程中的能量损耗，提高电磁能量的利用率。在一个深部地层的资源勘探项目中，为了探测深埋地下的高电阻率矿体，采用超导线圈制作的电磁发射阵元，产生了更强、更稳定的磁场，增强了电磁信号的穿透能力，使原本难以被探测到的微弱矿体信号能够被清晰接收到，大大提高了对深部地层中目标体的探测效果，尽管目前超导材料的应用受限于低温制冷技术的成本和复杂性，但随着相关技术的不断进步，超导材料有望在井下瞬变电磁阵列领域实现更广泛的应用。

从器件角度来看，高精度、高灵敏度的传感器以及多通道数据采集与传输器件等的不断发展，也将推动井下瞬变电磁阵列技术的进步。例如，高分辨率的隧道效应磁阻传感器(TMR)阵列，具备高分辨率、高灵敏度、体积小、功耗低、线性范围宽且易于集成等优点，能够制作大规模传感器阵列并用于磁场检测成像，可实现对井下微小缺陷等更为精细的检测。多通道差分输出的传感器及基于菊花链的井下多通道采集系统的应用，不仅提高了数据采集的准确性和可靠性，还解决了现有井下采集系统耐温低、通道数少等问题，满足了复杂井下环境及大量数据采集与传输的需求。微机电系统(MEMS)器件的广泛应用已经对井下瞬变电磁阵列产生了积极影响。MEMS 传感器具有体积小、重量轻、功耗低以及可批量制造等优点，使得井下瞬变电磁阵列能够在有限的空间内集成更多的传感器阵元，增加阵列的密度和自由度，进而提高探测的分辨率和精度。例如，在某井下巷道的地质结构精细探测中，利用 MEMS 加速度计和陀螺仪实时监测井下工具的姿态和位置变化，为电磁阵列的定向探测提供精确的方位参考，确保探测数据的准确性，最终成功绘制出了高精度的巷道周边地质结构图像，为后续的支护和掘进工作提供了可靠依据。

此外，新型的半导体器件，如高速、低噪声的放大器和模数转换器等，能够有效提升电磁信号的采集和处理能力，减少信号在传输和转换过程中的失真和噪声引入，进一步优化整个井下瞬变电磁阵列系统的性能。在一些对信号质量要求较高的井下高精度探测项目中，采用这些新型半导体器件后，明显提高了信号的信噪比，使得最终的成像结果更加清晰准确，有助于更好地分析地质情况和判断目标体特征。

纳米技术的发展也为井下瞬变电磁阵列器件带来了革新。纳米材料和纳米结构在电磁性能调控方面具有独特优势，通过制备纳米尺度的电磁器件，可以实现对电磁信号更强的局域化和调控能力。例如，纳米天线阵列能够在微观尺度上实现电磁信号的高效辐射和接收，并且可以通过改变纳米结构的形状、尺寸和排列方式灵活调整其电磁响应特性。在某微观地质特征研究项目中，利用纳米天线阵列对井下微小区域进行电磁探测，成功获取了以往常规器件难以捕捉到的微观地质结构信息，为深入了解地层微观变化以及地质演化过程提供了新的技术手段。

综上所述，新型材料与器件的持续创新和应用，将不断推动井下瞬变电磁阵列技术向更高性能、更小型化以及更低成本的方向发展，为其在未来复杂多变的井下探测环境中发挥更大作用提供有力支撑。

6.2.3 向高精度和智能化方向发展

随着现代科技的不断进步以及对井下资源勘探和地质信息获取要求的日益提高，井下瞬变电磁阵列技术正朝着高精度和智能化方向迅速发展，这一趋势将从多个方面重塑该技术在井下探测领域的应用格局。

提高空间分辨率是实现高精度发展的关键目标之一。目前，井下瞬变电磁阵列技术在一些复杂地质条件下，对微小地质构造和目标体的分辨能力仍有待提升。为了实现更高的空间分辨率，研究人员正在从多个角度进行探索。在阵列设计上，通过优化阵元的布局、缩小阵元间距以及增加阵元数量等方式，构建更为密集的电磁阵列，以获取更精细的电磁场空间分布信息。例如，采用微纳尺度的阵元制造技术，在有限的井下空间内布置更多的小型阵元，能够显著提高对近井区域地层结构和微小目标体的探测分辨率，清晰地分辨出岩石裂缝、薄矿层等细微地质特征。

此外，改进信号处理算法对于提升精度也起着至关重要的作用。高分辨率成像算法的研发是重点方向之一，通过对电磁阵列接收到的信号进行复杂的数学处理和反演计算，将原始的电磁信号数据转化为更清晰、更准确的井下地质图像。例如，基于全波形反演的方法，充分利用电磁信号的时域、频域以及波形变化等多维度信息，克服传统成像方法的局限性，能够重建出具有更高分辨率和保真度的井下地质结构图像，为地质分析和资源评估提供更翔实的依据。此外，提高信号测量的精度也是不可或缺的环节，研发高精度的电磁传感器以及更精确的信号采集与校准系统，减少测量误差，以确保获取到的电磁信号数据能够真实反映井下地质情况。

智能化发展则是井下瞬变电磁阵列技术未来的另一个核心方向。智能化体现在多个层面，首先是探测过程的自动化控制。通过在井下瞬变电磁阵列系统中集成智能控制模块，实现对探测参数(如发射频率、阵元激励强度等)的自动调整，使其能够根据井下不同地质条件和探测目标自动优化工作状态。例如，在遇到高导电性地层时，系统可以自动降低发射频率，以增强电磁信号的穿透深度；而在探测小尺度目标体时，自动增加阵元激励强度，提高信号的反射强度，便于更好地识别目标。

其次，智能诊断与故障预警功能也是智能化发展的重要体现。井下环境复杂恶劣，电磁阵列设备容易出现故障，通过内置的智能监测系统，实时采集设备的运行参数(如温度、电流、电压等)，利用机器学习算法对这些数据进行分析，能够及时发现潜在的故障隐患，并提前发出预警信息，便于工作人员及时采取维修措施，减少因设备故障导致的探测中断和数据损失。

另外，数据解释与决策支持的智能化同样关键。随着井下探测数据量的不断增加，传统的人工数据分析和解释方法效率低下且容易出现误差。借助人工智能技术，如将深度学习中的图像识别算法用于解读井下地质图像、自然语言处理技术用于生成直观的探测报告等，可以实现对探测数据进行快速、准确的分析，为地质工程师和决策者提供更科学、有效的决策支持，帮助他们更好地判断地下资源分布情况、制订合理的开采计划以及进行地质灾害风险评估等。

总之，井下瞬变电磁阵列技术朝着高精度和智能化方向的发展，将使其在未来的井下探测领域发挥出更强大的作用，为我国的地下资源开发和地质安全保障等方面提供更有力的技术支撑。

参 考 文 献

[1] 武军杰，李貅，智庆全，等. 电性源地-井瞬变电磁法三分量响应特征分析[J]. 地球物理学进展，2017，32(3)：1273-1278.

[2] 杨平泊. 煤矿井下定向钻进技术在矿井地质勘探中的应用研究[J]. 内蒙古煤炭经济，2021，16：194-195.

[3] Yu R，Diao B，Gao D. A calculation model for improving the relative borehole uncertainty based on the least square method in relief well[J]. Journal of Petroleum Science and Engineering，2022，217：110863.

[4] Dai X，Cheng L Z，Mareschal J C，et al. New method for denoising borehole transient electromagnetic data with discrete wavelet transform[J]. Journal of Applied Geophysics，2019，168：41-48.

[5] 窦益华，韩硕，郑杰，等. 国内高温高压井下工具实验装置发展现状综述[J]. 石油化工应用，2022，41(1)：1-6，26.

[6] 郭建磊，高小伟，侯彦威. 轴向各向异性巷-孔瞬变电磁三分量响应特征研究[J]. 煤田地质与勘探，2022，50(7)：52-62.

[7] 臧德福，张庆乐，晁永胜，等. 井间电磁成像系统发射和接收同步测量应用研究[J]. 地球物理学进展，2020，35(4)：1630-1636.

[8] 陈赟，沈建国，张小康. 瞬变电磁井间勘探方法研究[J]. 地球物理学进展，2021，36(1)：132-143.

[9] Liu C Z，Dang B，Yang L，et al. Magnetic field focusing array for nondestructive evaluation of oil and gas well casings[C]. International Field Exploration and Development Conference. Springer，Singapore，2020：845-855.

[10] 高敬坤，邓彬，秦玉亮，等. 扫描 MIMO 阵列近场三维成像技术[J]. 雷达学报，2018，7(6)：676-684.

[11] 薛国强，底青云，王若，等. 多通道瞬变电磁法资料处理方法技术综述[J]. 地球物理学进展，2020，35(1)：211-215.

[12] Liu C Z，Yang L，Zhang C L，et al. Application of borehole transient electromagnetic system in relief well drilling：a case study[C]. 2021 3rd International Conference on Intelligent Control，Measurement and Signal Processing and Intelligent Oil Field（ICMSP），2021：427-431.

[13] Liu C，Dang J，Yang L，et al. Space-time pulsed eddy current array for NDT of wellbore casings based on MIMO technique[J]. IEEE Transactions on Instrumentation and Measurement，2024，73：1-12.

[14] 薛国强，常江浩，雷康信，等．瞬变电磁法三维模拟计算研究进展[J]．地球科学与环境学报，2021，43(3)：559-567.

[15] 孙怀凤，李貅，李术才，等．考虑关断时间的回线源激发 TEM 三维时域有限差分正演[J]．地球物理学报，2013(3)：16.

[16] 张永超，王光杰，李宏杰，等．基于吸收边界条件的瞬变电磁法三维矢量有限元快速正演[J]．地球物理学报，2021，64(3)：1106-1118.

[17] 周建美，刘文韬，李貅，等．双轴各向异性介质中回线源瞬变电磁三维拟态有限体积正演算法[J]．地球物理学报，2018，61(1)：11.

[18] 常江浩，薛国强．电性源短偏移距瞬变电磁场扩散规律三维数值模拟[J]．地球科学与环境学报，2020，42(6)：12.

[19] 李毛飞．地面和地巷瞬变电磁法联合反演解释研究[D]．徐州：中国矿业大学，2021.

[20] Weng A，Li D，Yang Y，et al. Transforming a time-domain electromagnetic signal to a frequency-domain electromagnetic response using regularization inversion [J]. Geophysics, 2017，82.

[21] 程久龙，姜国庆，李垚，等．钻孔瞬变电磁法扫描探测磁芯线圈激励电磁场响应特征[J]．煤炭学报，2023，48(3)：1302-1310.

[22] 胡祥云，李焱，杨文采，等．大地电磁三维数据空间反演并行算法研究[J]．地球物理学报，2012，55(12)：10.

[23] 董浩，魏文博，叶高峰，等．基于有限差分正演的带地形三维大地电磁反演方法[J]．地球物理学报，2014，57(3)：14.

[24] 李貅，薛国强，宋建平，等．从瞬变电磁场到波场的优化算法[J]．地球物理学报，2005，48(5)：1185-1190.

[25] 燕帅，殷长春，苏扬，等．基于卷积神经网络的瞬变电磁数据快速成像算法研究[J]．地球物理学报，2023，66(10)：4290-4300.

[26] Zhou H T，Hou K，Pan H L，et al. Study on the optimization of eddy current testing coil and the defect detection sensitivity[J]. Procedia Engineering，2015，130：1649-1657.

[27] Fu Y，Yu R，Peng X，et al. Investigation of casing inspection through tubing with pulsed eddy current[J]. Nondestructive Testing and Evaluation，2012，27(4)：353-374.

[28] Dang B，Yang L，Du N，et al. Auxiliary sensor-based borehole transient electromagnetic system for the nondestructive inspection of multipipe strings[J]. Sensors，2017，17(8)：1836.

[29] Dang B，Liu C，Yang L，et al. EMD-based borehole TEM array signal denoising and baseline wander correction for NDT of downhole casings[J]. IEEE Access，2020，8：150213-150224.

[30] Yang L，Dang R，Liu C，et al. Multiple-eccentric-sensor-based borehole transient electro-

magnetic system for nondestructive evaluation of oil and gas well casings[C]. International Field Exploration and Development Conference. Springer, Singapore, 2020: 856-868.

[31] 郭建磊. 轴向各向异性地层瞬变电磁三分量响应特征[J]. 物探与化探, 2022, 46(2): 362-372.

[32] 巩朋成, 吴云韬. 基于 ADMM 改进的低截获 FDA-MIMO 雷达发射波束设计[J]. 通信学报, 2022, 43(4): 133-142.

[33] Dashevsky Y A, Kaufman A. Principles of induction logging[J]. New York: Elsevier, 2003.

[34] Kim J H, Choi B H, Kim H R, et al. Single-variable-input active sidelobe suppression method for synthesized magnetic field focusing technology and its optimization[J]. IEEE Transactions on Industrial Electronics, 2019, 67(11): 9813-9823.

[35] Liu C Z, Dang B, Wang H Y, et al. Synthesized magnetic field focusing for the non-destructive testing of oil and gas well casing pipes using pulsed eddy-current array [J]. IEEE Transactions on Magnetics, 2022, 58(9): 1-10.

[36] 齐彦福, 殷长春, 王若, 等. 多通道瞬变电磁 m 序列全时正演模拟与反演[J]. 地球物理学报, 2015, 058(007): 2566-2577.

[37] 涂小磊, 底青云, 王亚璐. 多通道瞬变电磁有限差分正演模拟[J]. 地球物理学进展, 2015(5): 8.

[38] 程久龙, 陈丁, 薛国强, 等. 矿井瞬变电磁法超前探测合成孔径成像研究[J]. 地球物理学报, 2016, 59(2): 8.

[39] 刘博, 于洋, 姜朔. 激光雷达探测及三维成像研究进展[J]. 光电工程, 2019, 46(7): 21-33.

[40] Kim J H, Choi B H, Kim H R, et al. 2-D synthesized magnetic field focusing technology with loop coils distributed in a rectangular formation[J]. IEEE Transactions on Industrial Electronics, 2018, 66(7): 5558-5566.

[41] 罗成, 朱开锋, 张昆仑, 等. 永磁电磁混合 Halbach 阵列空间磁场三维解析计算及参数分析[J]. 电机与控制学报, 2021, 25(7): 10.

[42] Wang L , Deng Z , Cheng Y . A field cooling method to increase the suspension force of HTS pinning maglev system[J]. Cryogenics, 2022, 123: 103448.

[43] Zhang H, Zhu X Y, Xu Y, et al. Giant magnetoresistance and topological Hall effect in the EuGa4 antiferromagnet[J]. Journal of Physics: Condensed Matter, 2021, 34(3): 034005.

[44] Rifai D, Abdalla A N, Razali R, et al. An eddy current testing platform system for pipe defect inspection based on an optimized eddy current technique probe design[J]. Sensors, 2017, 17(3): 579.

[45] Yang L, Dang B, Ren Z, et al. Uniform circular-array-based borehole pulsed eddy-current system for asymmetry defect inspection in downhole casings [J]. Electronics, 2022, 11(13): 2030.

[46] Dang B, Yang L, Dang R, et al. Borehole electromagnetic induction system with noise cancelation for casing inspection[J]. IEICE Electronics Express, 2016, 13(17): 20160714.

[47] 朱德兵，周光建，刘成君，等. 阵列式多路同步瞬变电磁定向探测模式研究[J]. 工程地球物理学报，2017，14(3)：9.

[48] Dang B, Yang L, Liu C, et al. A uniform linear multi-coil array-based borehole transient electromagnetic system for non-destructive evaluations of downhole casings [J]. Sensors, 2018, 18(8): 2707.